„Erst, wenn der letzte Baum gerodet,

der letzte Fluss vergiftet,

der letzte Fisch gefangen ist,

werdet ihr feststellen,

dass man Geld nicht essen kann."

(Indianerweisheit)

Widmung

In tiefer Dankbarkeit und Liebe widme ich dieses Buch meinen Großeltern.

Sie haben die ersten zehn Jahre meines Lebens grundlegend geprägt und mir all die Liebe und Fürsorge gegeben, die ich sonst nicht erfahren hätte.

Diese beiden wunderbaren Menschen lehrten mich schon in frühester Kindheit, die Natur zu achten, zu schätzen und sorgsam mit ihr umzugehen.

Sie haben mich gelehrt, dass Glück etwas ist, das man nicht mit Geld kaufen kann und das sich verdoppelt, wenn man es teilt.

Sie haben mich gelehrt, dass Freundlichkeit, Respekt und Wertschätzung anderen Menschen gegenüber unerlässlich sind, und sie haben mich spüren lassen, wie wertvoll und wichtig ich für sie bin.

Meine Großeltern begleiten mich weiterhin auf all meinen Wegen und die Erinnerung an eine wunderbare Zeit erwärmt noch heute mein Herz.

Ellen Ledwig

Wir sitzen doch alle in einem Boot

Inhaltsverzeichnis

Auch unsere Nachkommen wollen in einer gesunden Umwelt leben.

Feldberger Seenlandschaft
(Mecklenburgische Seenplatte)

Vorwort

Schauen Sie sich um und sehen Sie, riechen Sie und spüren Sie dieses ewig pulsierende Leben um uns herum?

Atmen Sie die Sonne, die unsere Seelen erwärmt,den Wind, der uns sanft streichelt?

Hören Sie das zarte Gezwitscher der Vögel um uns herum? Kein Lied kann schöner sein.

Das Rauschen des Waldes und das Plätschern eines Baches betören unsere Sinne und kraftvolle Energie stärkt unseren Körper und unsere Seele.

Spüren Sie das noch?

All das Wunderbare, Einzigartige dieser Welt ist für uns selbstverständlich.

Viele Menschen gehen durch diese Welt, ohne wirklich zu leben.

Sie hetzen von einem Termin zum Anderen, sind im Stress und die Sinne für all das Schöne sind verkümmert.

Was ist der Sinn des Lebens?

Das habe ich mich oft gefragt und endlich meine Antwort gefunden.

Auch ich war ein Mensch, der vor lauter Stress nichts mehr um sich herum wahrnehmen konnte.

Wie gehetzt jagte ich meinen Verpflichtungen hinterher, die ich mir teilweise selbst auferlegte.

Mein Körper zeigte mir die Grenzen und sagte „Bis hierher und nicht weiter"

Entweder du änderst Dein Leben, oder ich muss dich verlassen.

Nach schwerer Krankheit dauerte es noch einige Jahre, bis ich nach und nach begriff was es heißt, wirklich zu leben.

Ich bin dankbar, hier auf dieser Erde zu sein. Ich achte und wertschätze alles um mich herum, gehe bewusst durch die Natur und entdecke so viele wundervolle Dinge die mir mehr Freude bereiten, als jede Shopping -Tour.

Freundlichkeit, Liebe und Wertschätzung zu mir selbst und meinen Mitmenschen bestimmen mein Leben.

Was nutzt mir ein Sack voller Geld, wenn ich irgendwann am Ende meines Lebens feststellen muss, nicht wirklich gelebt zu haben.

Ein wunderbares erfülltes Leben ist aber nur auf diesem unserem Planeten möglich, nirgendwo sonst und ich bin fest entschlossen, um dieses Wunderbare, Einzigartige um uns herum zu kämpfen mit allen Mitteln, die mir zur Verfügung stehen.

Nehmen wir unser Leben selbst in die Hand und hüten es wie einen Schatz.

Dieser Planet ist in Gefahr, weil es immer noch Menschen gibt die wirklich denken, Macht, Profit und Reichtum seien die Erfüllung des Lebens.

Diese Mächtigen dieser Welt versuchen mit allen Mitteln, unser Leben, unseren Lebensraum, den biologischen Kreislauf und uns Menschen nach ihren Maßstäben zu manipulieren und zu verändern.

Dabei ist ihnen jedes Mittel recht.

Haben sie vergessen, dass wir alle auf dieser einen Erde leben?

„Wir sitzen doch alle in einem Boot"

Ich will Sie mit den schlimmsten noch nie da gewesenen Zuständen auf unserem Planeten konfrontieren und damit versuchen, Ihren Blickwinkel zu erweitern.

Glauben Sie mir, jeder Einzelne kann etwas tun und viele Einzelne ergeben Viele.

Ich bin kein Verschwörungstheoretiker oder Schwarzmaler, im Gegenteil.

Das ist die Realität, die Sie zum Nachdenken anregen soll.

Es gibt immer Alternativen zum Herkömmlichen, die weder uns noch unsere Umwelt schaden.

Ich habe einige wunderbare Beispiele dazu gefunden, von denen ich einige selbst praktiziere.

Vielleicht haben Sie bereits selbst begonnen, sich und Ihre Lieben zu schützen .

Es ist an der Zeit, nicht mehr den Kopf in den Sand zu stecken, wie der Vogel Strauß.

Diese Erde stirbt und wir haben die verdammte Verantwortung, das aufzuhalten.

Auch zukünftige Generationen wollen ein gutes und glückliches Leben führen.

Machen wir uns an die Arbeit!

Wir essen jeden Tag Giftcocktails aus dem Supermarkt, trinken Wasser voll mit Keimen und Bakterien, atmen verschmutzte Luft, vergiften die Ozeane und vernichten alles Leben um uns herum.

Wir roden unsere Wälder oder nutzen sie als Mülldeponie, zerstören unsere natürlichen Ressourcen und betonieren zu, was irgend geht.

Wir richten uns mit Hektik, Egoismus, Geld- und Profitgier zugrunde.

Wir fühlen uns innerlich leer und ausgebrannt und nehmen kaum noch die Schönheit der Natur um uns herum wahr.

Gewalt, Aggression und Kriminalität sind der Alltag und werden zur Normalität.

Von den Medien werden wir täglich nur noch mit Nachrichten bombardiert, die von Katastrophen, Gewalt und Krieg berichten.

Wir werden permanent in Angst und Schrecken versetzt.

Angst lähmt, sie raubt unsere Energie und vergiftet unsere Seele.

Die Auswirkungen unserer Lebensweise sind schon lange erkennbar.

Sehen Sie sich einfach mal in Ihrem Bekanntenkreis um.

Da gibt es kaum noch jemanden, der nicht chronisch krank ist.

Jeder dritte Mensch ist an Krebs erkrankt, der sich inzwischen zu einer Epidemie auszuweiten droht.

Depressionen, Schlaganfälle und Herzinfarkte nehmen massiv zu.

Bitte verschließen Sie nicht mehr Augen und Ohren und helfen Sie mit, unseren Lebensraum zu erhalten, jeder ein kleines Stück.

Aber vor allem schützen Sie sich selbst.

Ich will diese Welt nicht verlassen in dem Glauben, nicht wenigstens versucht zu haben etwas zu tun, sie vielleicht ein winziges Stückchen besser zu machen.

Ich will, dass Sie und unsere zukünftigen Generationen gesund bleiben und ich finde, bereits dann, wenn Sie dieses Büchlein in Ihren Händen halten, haben Sie damit begonnen, etwas zu ändern.

Wasser ist die wichtigste Substanz der Welt

Täglich reichlich Wasser zu trinken, ist für unsere Gesundheit ausschlaggebend.

Wasser enthält Nährstoffe für Zellen, hilft bei der Verdauung, wirkt entgiftend und hilft bei der Vorbeugung gegen Kopfschmerzen und Müdigkeit und kann sogar beim Verringern oder Erhalten des Körpergewichtes helfen.

Unser Körper besteht bis zu 75 % aus Wasser und ein guter Wasserhaushalt ist für unsere optimale Gesundheit und unser Überleben entscheidend.

Bei der Regulierung der Körpertemperatur und beim Transport von Nährstoffen spielt Wasser eine entscheidende Rolle im gesamten Körper.

Wasser muss durchgängig im Körper vorhanden sein, da allein im Durchschnitt ca. 150 ml pro Tag durch das Atmen verloren gehen.

Jeder Mensch, der keinen Sport treibt, verliert ungefähr 1,8 l Wasser durch Schweiß, Urin und andere normale Funktionen der inneren Organe.

Sofern Sie täglich die richtige Menge Wasser trinken, wird Ihr Körper vor einer Austrocknung geschützt.

Bereits eine geringe Dehydrierung kann zu schweren gesundheitlichen Problemen führen.

Zwischen den Zellen, dem Gewebe und dem Blut-Lymphsystem findet ein ständiger Austausch statt. Pro Tag werden ca. 80.000 l ausgetauscht und erneuert.

Wasser fungiert als Lösungsmittel für viele Stoffe z.B. Mineralien, Proteine und zur Ausscheidung von Abfallprodukten.

Durch die momentane mineralstoffarme, -schadstoffreiche Ernährung und den modernen Lebensstil fallen heutzutage sehr viele Abfallstoffe an.

Diese Stoffe können vom Körper häufig nicht entsorgt werden, weil die Entsorgungssysteme, wie beispielsweise Leber oder Nieren, überlastet sind.

Der Körper lagert sie deshalb an verschiedenen Stellen im Körper ab, vorzugsweise zunächst im Bindegewebe.

Es macht also Sinn, täglich reichlich Wasser zu trinken.

Wenn Sie bisher nur wenig getrunken haben, geht das nicht von jetzt auf gleich.

Fangen sie mit einem halben Liter pro Tag an und steigern sie von Woche zu Woche.

Glauben Sie mir, wenn sich der Körper erst einmal daran gewöhnt hat, trinken sie von ganz allein, ohne Zwang.

Das die Kraft von gesundem Wasser unglaublich ist, zeigt sich an so manchen Orten unserer Erde.

Im Kaukasus in Georgien gibt es Täler, in denen Menschen seit Jahrhunderten ein auffällig hohes Alter erreichen.

Nachforschungen, worin das begründet sein könnte, trafen auf die dort entspringenden Bergquellen, welche redox-Potentiale von plus 50 mV bis minus 50 mV aufwiesen.

(Redoxpotential, auch ORP-Wert, Oxydations-Reduktions-Potential ist eine Messgröße, um das gegenseitige Verschieben von Elektronen zweier Partner messbar zu machen)

Die bekannten Heilquellen in Lourdes (Frankreich), Nordeinau (Deutschland), Indien und Mexiko haben ebenso besondere Kräfte und locken Millionen von Kranken an in der Hoffnung, hier Heilung zu finden.

Diese Quellen haben gemeinsame Eigenschaften

Sie sind reich an Wasserstoff und Elektronen.

Sie sind alkalisch (basisch) und sie haben eine besondere Struktur.

Will man sich mit dem Thema Trinkwasser beschäftigen, dessen Qualität nachweislich erheblichen Einfluss auf unsere Gesundheit hat, lohnt es sich darüber nachzudenken, woher dieses Wasser stammt.

Auf unserer Erde gibt es nur ein begrenztes Süßwasservorkommen.

Es wird nicht mehr, aber auch nicht weniger.

Wir trinken also dasselbe Wasser, das auch schon unsere Vorfahren vor 100 und vor 100.000 Jahren getrunken haben.

Alles Wasser bewegt sich in einem immer währenden Kreislauf.

An der Erdoberfläche wird es von der Sonne erwärmt, es verdunstet, steigt auf, verbindet sich zu Wolken und regnet dann auf die Erde, wo es sich entweder in Gewässern sammelt, oder in den Boden eindringt. Es versickert im Boden durch viele Schichten, bis es oft erst nach Jahrzehnten ins Grundwasser gelangt und als Quellwasser wieder an die Erdoberfläche tritt.

Allein der Mensch hat diesen genial funktionierenden Wasserkreislauf verunreinigt, indem er immer mehr giftige Chemikalien einsetzte.

Das Verdunsten des Wassers sorgt eigentlich für eine Reinigung, so dass der Regen als sauberes Wasser zur Erde fällt.

Doch heute wäscht der Regen die Düngemittel, Herbizide und Insektizide tief in den Boden hinein.

Während er durch die vielen mineralhaltigen Schichten des Bodens rinnt, wird er nicht mehr gefiltert.

Außerdem können die im Wasser befindlichen Chemikalien mit den Mineralien des Bodens reagieren, wodurch sich eventuell sogar noch giftigere Stoffe bilden können.

Ein Beispiel hierfür ist die Chemikalie Chlor, die seit vielen Jahren zum Desinfizieren von Trinkwasser verwendet wird.

Nachweislich entstehen bei der Verbindung von Chlor und organischer Materie giftige Stoffe, die das Risiko, an Magen- und Darmkrebs zu erkranken, drastisch erhöhen.

Auch Aluminium, das von vielen Wasserwerken als Sulfat zur Aufbereitung von Trinkwasser benutzt wird,kann sich im Leitungswasser befinden.

Aluminium steht im Verdacht,die Alzheimerkrankheit zu fördern, eine degenerative Krankheit des Gehirns.

Vor allem die Belastung von Trinkwasser mit Nitrat ist gefährlich, da sich das Nitrat im sauren Milieu des Magensaftes zu Nitrit umwandelt.

In Verbindung mit den Eiweißbestandteilen in der Nahrung, entstehen daraus Nitrosamine, die Krebs auslösen können.

Da das Wasser als Lösungsmittel viele Stoffe aufnimmt, geraten mit ihm auch Salze, Metalle, verfaulte organische Materie, sowie Bakterien und Mikroorganismen in das Grund-und Oberflächenwasser.

Regional ist die Trinkwasserqualität sehr unterschiedlich, wobei jedoch zu befürchten ist, dass die Reserven mit reinem Wasser immer mehr gefährdet sind.

Viele Städte beziehen ihr Wasser aus unterschiedlichen Gebieten mit kaum, oder stark belastetem Wasser.

Um die Grenzwerte dennoch einzuhalten, wird stark belastetes Wasser oft mit weniger stark belastetem Wasser gemischt.

Bei den ständigen Überwachungen der Wasserqualität durch die Wasserwerke wird das Wasser auf den Gehalt von einhundert Schadstoffen getestet.

Wenn man jedoch bedenkt, dass inzwischen etwa 140.000 Chemikalien produziert werden, von denen ein Großteil auch im Leitungswasser enthalten ist, sind die Wasseranalysen nicht unbedingt aussagefähig.

Sie stellen nicht immer konkrete Diagnosen dar, weil es bis heute für einige Chemikalien noch keine Nachweismethoden gibt.

Deshalb ist es unmöglich, unser Leitungswasser auf alle Inhaltsstoffe zu prüfen.

Ein Grund hierfür ist auch, dass etliche Stoffe im Wasser miteinander reagieren.

Vor einer genauen Bestimmung müssten sie voneinander getrennt werden, was aufwendig und kostspielig wäre.

Bei einem bundesweiten Trinkwassertest haben Experten des TÜV Rheinland in zehn Städten eine deutliche Keimbelastung festgestellt. Die Hälfte der fünfzig untersuchten Proben, die aus öffentlich zugänglichen Gebäuden stammten, wiesen eine zum Teil sehr hohe mikrobiologische Belastung auf.

In einigen Wasserproben wurden zusätzlich Kolibakterien, Legionellen und Pseudomonaden gefunden, die auch als Krankenhauskeime bekannt sind.

„Für Menschen mit geschwächtem Immunsystem können diese Belastungen eine Gesundheitsgefährdung darstellen", *warnte der Experte für Mikrobiologie beim TÜV Rheinland, Walter Dormagen.*

Für den Trinkwassertest des TÜV Rheinland und der ARD-Sendung „Plusminus" hatten die Experten in Aachen, Berlin, Bonn, Düsseldorf, Essen, Frankfurt am Main, Hannover, Kiel, Nürnberg und Saarbrücken jeweils fünf Wasserproben in öffentlichen Gebäuden entnommen.

Die Untersuchung ergab, dass in jeder Stadt Trinkwasserproben mikrobiologisch belastet waren.

Über den zusätzlichen Nachweis von Legionellen in vier Wasserproben informierten die Tester umgehend die betroffenen Gebäudebetreiber, da in diesen Fällen akuter Handlungsbedarf bestand.

Bis zu einem Fünftel der Trinkwasserproben in öffentlichen Gebäuden werden von Thüringer Gesundheitsämtern beanstandet.

Eine Sprecherin des Landesamtes für Lebensmittelsicherheit und Verbraucherschutz sagte dem MDR1 Radio Thüringen, pro Jahr würden ca. 1500 Proben gezogen, um das Wasser auf Legionellen zu untersuchen und die Beanstandungsquote liege bei 20 %.

Auch befinden sich vermehrt Arzneimittelrückstände im Trinkwasser, die in den Kläranlagen nicht herausgefiltert werden können.

Nach Auskunft des Bundesumweltamtes sind zehn Wirkstoffe vermehrt nachgewiesen worden.

Darunter befinden sich der Blutfettsenker Bezafibrat, das Antirheumatikum Diclofenac, Röntgenkontrastmittel oder das Antischmerzmittel Iboprofen.

Medikamenten-Rückstände gelangen vor allem durch menschliche Ausscheidungen in das Trinkwasser.

Zudem entsorgen unwissende oder bequeme Verbraucher ihre nicht verbrauchten oder abgelaufenen Medikamente in der Toilette.

Im Lymphgewebe und in den Blutgefäßen, dem Bereich zwischen den Zellen, befindet sich das Bindegewebe mit den Nerven und den Bindegewebsfasern und stellt die Grundstruktur des Bindegewebes dar.

Dieses feine Gitterwerk besteht aus Zucker und Eiweiß und ist in der Lage, Wasser zu speichern.

Alle Stoffe, die nicht über die Nieren, den Darm und die Lunge ausgeschieden werden, lagern sich in diesem Gitterwerk ab.

Meist sind das saure Stoffwechselendprodukte, die der Körper produziert und auch giftige Schadstoffe aus dem Trinkwasser.

Die Folge dieser Verschlackung sind Übersäuerung, Verfettung und Gewichtszunahme.

Dadurch wird der Durchlauf der Flüssigkeiten im Körper mit zunehmendem Alter immer mehr behindert.

Unser Körper versucht dies auf natürliche Weise auszugleichen, indem er den Druck im Gefäßsystem erhöht.

Es entsteht ein hoher Blutdruck, der schon fast als Normalzustand akzeptiert und mit Medikamenten behandelt wird.

Abgesehen von den Nebenwirkungen wird jedoch nicht die Ursache des Übels beseitigt, es kann sogar zur Verschlimmerung des Zustandes kommen, denn wenn der Blutdruck dann wieder sinkt, wird auch die Versorgung der Zellen mit Flüssigkeit gedrosselt.

Da weiterhin Schadstoffe abgelagert werden, kann das zu einem Stau der Durchblutung führen.

Die Zellen, deren Versorgung extrem reduziert wird, funktionieren nicht mehr und sterben ab.

Auch ist es durchaus möglich dass die Zelle, deren Versorgung zusammengebrochen ist, sich selbst aktiviert, um weiterleben zu können.

Da jede Zelle ein Gedächtnis in sich trägt weiß sie, dass nur ein schnelles Wachstum ihr Überleben sichert.

So macht sich die Zelle selbständig und wächst ohne Rücksicht auf ihre Umgebung.

Die Folgen werden als Zivilisations- oder auch als Wohlstandskrankheiten bezeichnet.

Das sind Herz- und Gefäßerkrankungen, Allergien, Krebs, Alzheimer, Rheuma, Gicht, Osteoporose, Adipositas und auch psychische Erkrankungen.

Erschreckend ist die Zunahme dieser Krankheiten schon bei den Kindern.

Fast alle diese Krankheiten entstehen durch Verschlackung und Übersäuerung des Körpers und sind oft selbst verschuldet durch einseitige und reichliche Ernährung ohne Nährwert, mangelnde Bewegung und schadstoffhaltiges Wasser.

Sie sehen, wie einfach es ist, sich gesund zu erhalten und eine gute Lebensqualität bis ins hohe Alter zu haben.

Dafür lohnt es sich doch, auf seine Ernährung zu achten und gesundes Wasser zu trinken.

Fahren Sie Fahrrad oder spazieren jeden Tag ein Stückchen weiter.

Das ist nicht nur Balsam für den Körper, sondern auch für den Geist.

Ich bin jeden Tag mit meinen Hunden in den Wäldern unterwegs und genieße diese Ausflüge immer wieder aufs Neue.

Das heißt natürlich nicht, auf die kleinen Sünden verzichten zu müssen.

Am Wochenende selbstgebackenen Kuchen zu essen, ist für mich ein Ritual und unser Körper verzeiht uns die kleinen Ausrutscher, die zum Leben dazugehören, aber eben nicht zum Normalzustand werden sollten.

Doch Wasser sollte Hauptbestandteil unserer täglichen Ernährung sein.

Deshalb legen sie auf dessen Qualität und gesundheitliche Wirkung besonderen Wert.

Das Umweltamt warb noch 2012 irreführend damit „Deutsches Trinkwasser sei einwandfrei und von bester Qualität".

Zwei Wochen später kam von der selben Behörde die Meldung „Schmerzmittel belasten deutsche Gewässer".

Dass das Trinkwasser das am besten untersuchte Lebensmittel ist, ist naturwissenschaftlich etwa so haltbar wie, dass die Klapperstörche die kleinen Kinder bringen.

Mit diesen klaren Worten äußerte sich der frühere Abteilungsleiter Wasser im nordrhein-westfälischen Umweltministerium Harald Friedrich in der ZDF-Sendung „Frontal 21" am 06.03.2012. Und das ist nicht besser geworden, im Gegenteil.

Er begründete seine Aussage damit, dass es für eine Vielzahl an gesundheitsgefährdenden Stoffen keine Grenzwerte gibt, so dass das Wasser auf solche Stoffe gar nicht erst untersucht wird. Und daran hat sich bis heute nichts geändert.

Angesichts der sehr laschen Trinkwasserverordnung sind die geltenden Rechtsvorschriften für Flaschenwasser noch um ein Vielfaches lascher.

Der Zusammenhang zwischen der Gesundheit und der Qualität des Trinkwassers wurde in zahlreichen Studien untersucht.

So haben Langzeitstudien bewiesen, dass das Vorkommen von Krankheiten wie auch die Sterblichkeitsrate in Regionen mit guter Wasserqualität bedeutend geringer sind, als in Bereichen mit belastetem Wasser.

Erschreckend ist die Tatsache, dass die Schadstoffmengen im Wasser ständig zunehmen und das vor allem immer wieder neue Schadstoffe auftauchen.

Wie schon erwähnt, stellt gerade das Vorkommen von Nitrat ein wachsendes Problem dar, da es durch den Magensaft in Nitrit abgebaut und in Verbindung mit Eiweiß in der Nahrung zu Nitrosaminen umgewandelt wird.

Diese zählen zu den aggressivsten Krebserzeugern.

Nitrat ist wichtig für das Pflanzenwachstum. Wird zu viel gedüngt, gelangt es in das Grundwasser.

Besonders betroffen sind Säuglinge durch zu hohe Nitratwerte im Trinkwasser, da sie noch keine ausreichenden Schutzmechanismen gegen Methämoglobinämie entwickelt haben.

Dadurch entsteht ein Sauerstoffmangel im Blut mit Blaufärbung der Haut und der Schleimhäute, Schwin-

del, Übelkeit, Kopfschmerzen, beschleunigte Herztätigkeit, Atemnot und Benommenheit und kann im Extremfall zum Tod führen.

Oft entwickeln sich auch Magen-oder Blasenkrebs durch die Einwirkung von Nitraten über Jahrzehnte.

Ebenso stellen die Vorkommen von Kadmium, Quecksilber und Blei im Wasser massive Probleme dar.

Immer noch gelangt durch veraltete Wasserleitungen und vor allem durch Wasserhähne und Mischbatterien das für den Körper schädliche Blei ins Wasser und führt zu Schwermetallbelastungen.

Zahlreiche chemische Substanzen sind inzwischen notwendig, um das Wasser keimfrei zu halten.

So erklärt sich, dass unser Wasser, auch wenn es klar aus der Leitung fließt, nicht unbedingt rein, unbelastet und gesund ist.

Gelangen multiresistente Keime in unser Trinkwasser?

Das Sie verstehen, wie gefährlich diese Keime für uns Menschen sind, möchte ich kurz erklären, was multiresistente Keime überhaupt sind.

Die meisten bakteriellen Erkrankungen oder Infektionen sind mit Antibiotika behandelbar.

Es gibt aber auch Bakterienstämme, welche unempfindlich auf Antibiotika reagieren.

Diese Bakterien haben eine Resistenz gegen ein Antibiotikum entwickelt und vererben diese Resistenz weiter.

Entwickelt ein Bakterienstamm eine Resistenz gegen mehrere Antibiotika, spricht man von multiresistenten Keimen.

Die häufigste und bekannteste Form ist der sogenannte Krankenhauskeim (MRSA) Multiresistente Keime sind vor allem gefährlich für Menschen mit einem geschwächten Immunsystem, ältere Menschen und Säuglinge).

Gefährlich wird der Keim für Jeden, wenn er bei einer Operation durch die OP-Wunde in den Körper gelangt.

Diese gefährlichen Keime können von Krankenhäusern, privaten Haushalten sowie von der Tiermast in das Abwasser und in anliegende Flüsse und Seen gelangen.

Durch den Eintritt von multiresistenten Keimen in die Umwelt wird der Keim allerdings auch auf unsere Haustiere übertragen, welche den Keim auch auf uns übertragen können.

Hinzu kommt die Einschleusung von geklärtem Abwasser in Badeseen und zum Teil auch in die Trinkwasserreservate.

Die gängigen Reinigungssysteme der Abwasser- und Kläranlagen sind aktuell nicht hinreichend ausgerüstet, um multiresistente Keime aus dem Wasser zu filtern.

Recherchen des NDR-Magazins Panorama zeigten, das sich die Keime bereits weitab von Krankenhäusern ausgebreitet haben, unter anderem in Badeseen.

Journalisten nahmen in Niedersachsen zahlreiche Wasser- aber auch Sedimentproben.

Sie konzentrierten sich unter anderem auf Stellen in der Nähe von Zuflüssen aus Kläranlagen und an landwirtschaftlich intensiv genutzten Flächen.

Praktisch überall fanden die von ihnen beauftragten Mikrobiologen am Uniklinikum Gießen und an der TU Dresden Bakterien, die gegen mehrere Antibiotika resistent waren.

Es ist also zwingend notwendig, in die Kläranlagen eine zusätzliche Klärstufe einzubauen.

Möglich wären Filtrationsgeräte, Bestrahlungen mit UV-Licht oder das Abtöten der Keime mit Hilfe von Ozon.

Erheblich verteuern würde sich die Wasseraufbereitung in jedem Fall, was sich dann wiederum auf die Endverbraucher niederschlägt.

Warum erzähle ich Ihnen das alles?

Um Ihnen bewusst zu machen, dass wir jeden Tag mehr oder weniger mit Pestiziden, Bakterien, Viren, Arzneimittelrückständen und vielen anderen Schadstoffen konfrontiert werden, die allein im Trinkwasser enthalten sind.

Am 11.06.2019 wurde in den USA eine Studie der Enviromental Working Group durchgeführt die bewies, dass die Nitratbelastung im Trinkwasser bis zu 12.594 Krebserkrankungen verursachte.

Sie ist hauptsächlich durch Landwirtschaft und Gülle entstanden.

Der Grenzwert wurde nicht überschritten, er liegt sogar darunter.

Was bedeutet das?

Die Grenzwerte sind völlig überhöht und werden immer wieder neu angepasst, so dass man sagen kann, das Trinkwasser ist in Ordnung, es liegt ja unter dem Grenzwert, unfassbar und unverantwortlich.

Vielleicht denkt jetzt der Eine oder Andere „na ja„ in den USA ist das sowieso alles lockerer, wir haben strengere Regeln". Weit gefehlt !

Im Handelsblatt war zu lesen, dass der Europäische Gerichtshof Deutschland wegen Verletzung von EU-Recht verurteilt, weil die Regierung zu wenig gegen Nitrate im Grundwasser unternommen hat.

Die obersten EU-Richter stellten fest, dass die Bundesregierung gegen die maßgebliche EU-Richtlinie verstoßen habe.

Auch als klar wurde, dass ihr Aktionsprogramm nicht ausreicht, ergriff die Bundesregierung keine ausreichenden zusätzlichen Maßnahmen.

Deutschland wurden die Kosten des Verfahrens auferlegt.

Die EU-Kommission hatte 2016 geklagt, weil Deutschland aus ihrer Sicht über Jahre hinweg nicht konsequent genug gegen die Verunreinigungen vorgegangen ist und damit gegen EU-Recht verstoßen hat.

Schon 2014 wurde Deutschland abgemahnt.Die Bundesregierung räumte in ihrem Nitratbericht 2016 ein, dass an mehr als einem Viertel der deutschen Grundwassermessstellen der EU-Grenzwert von 50 mg/l nicht eingehalten wird.

Grundwasser ist das wichtigste Reservoir für Trinkwasser. Wenn es zu viel Nitrat enthält, muss es gefiltert oder verdünnt werden.

Der Bundesverband für Energie- und Wasserwirtschaft gehört zu den dringendsten Mahnern, das Düngen einzuschränken.

Ziehen Sie anhand meiner Ausführungen selbst Ihre Schlüsse.

Sie können zu Hause selbst einen Wasser-Test durchführen.

Auch wenn das Wasser aus der Leitung klar und rein wirkt, gibt es doch erhebliche Qualitätsunterschiede.

Einige lassen sich leicht erkennen:

- **Schäumt das Wasser, wenn es aus dem Hahn in das Glas läuft?**

- **Hat es eine Färbung, oder ist es trüb?**

- **Hat es einen eigenartigen Geschmack oder Geruch?**

- **Setzen sich im Kochtopf weiße oder andere Ablagerungen ab?**

- **Bilden sich am Wasserhahn Krusten oder Ablagerungen?**

Trifft auch nur einer der Punkte zu dann steht fest, dass Ihr Wasser nicht rein ist.

Auch wenn es auf den ersten Blick sauber erscheint, kann es Schadstoffe enthalten, die nicht so leicht zu identifizieren sind.

Die Qualität des Leitungswassers kann von Wasserwerk zu Wasserwerk unterschiedlich sein und das sogar innerhalb eines Tages und vor allem innerhalb von Großstädten und in Ballungszentren.

Das beliebte Mineralwasser

Auch wenn Sie kein Trinkwasser aus der Leitung trinken, werden Sie leider nicht von Schadstoffen verschont.

Sie kaufen sich Mineralwasser aus dem Discounter, dass mit vielen Mineralien angereichert ist und Ihnen das Gefühl gibt, Ihrem Körper etwas Gutes zu tun.

Ich muss Sie leider enttäuschen.

Die Stiftung Warentest hat 30 Medium-Mineralwasser untersucht und festgestellt, dass die Sprudel längst nicht so rein und mineralstoffreich sind, wie die Werbung verspricht.

Nur wenige Wässer waren uneingeschränkt empfehlenswert.

Dabei ging die Bandbreite der Untersuchungen vom Discounter-Sprudel bis zu teuren Marken.

Folgende unerwünschte Stoffe wurden gefunden:

- Abbauprodukte von Pestiziden, sie stammen aus Unkrautvernichtern oder Pilzbekämpfungsmitteln

Der Grenzwert liegt bei 50 Nanogramm pro Liter.

Die Prüfer fanden im Wasser „Markgrafenquelle" 140 Nanogramm pro Liter.

Bei Süßstoffen in Getränken und Lebensmitteln wird häufig der künstliche Süßstoff Acesulfam K eingesetzt. Da unser Körper ihn nicht abbauen kann, gelangt er über das Abwasser ins Grundwasser und dort auch ins Tiefenwasser und in die Mineralwasserquellen.

Rostschutzmittel: In einem Wasser wiesen die Tester Abbauprodukte nach, die vermutlich aus oberirdischen

Verunreinigungen mit Korrosionsschutzmitteln stammen.

__Acetaldehyd__: In zehn Fällen wurden im Wasser hohe Mengen an Acetaldehyd nachgewiesen,ein Stoff, den PET-Flaschen abgeben und dessen mögliche krebsfördernde Wirkung nachgewiesen ist.

Der gesundheitliche Nutzen von vielen Mineralwässern ist fraglich.

18 Produkte waren weit von dem erwarteten hohen Gehalt an Mineralstoffen wie Kalium, Kalzium, oder Magnesium entfernt.

Sie enthielten weniger als 500 mg pro Liter.

Außerdem gelten für Flaschenwässer wesentlich weniger strenge Grenzwerte als für Leitungswasser, so dass es mancherorts eine schlechtere Qualität aufweisen kann, als das Wasser aus dem Hahn.

Es muss am Quellort abgefüllt werden und nach der Tafelwasserverordnung seinen Ursprung in einem unterirdischen Wasservorkommen haben.

Es muss am Quell Ort abgefüllt werden und darf nicht chemisch oder durch Filtertechnik aufbereitet werden.

__Tafelwasser__ ist kein natürliches Mineralwasser und darf verschiedene Wasserarten enthalten.

__Tafelwasser__ kann überall zusammengemischt und abgefüllt werden, wobei zwar qualitätshygienische Anforderungen einzuhalten sind, aber keine amtliche Anerkennung erforderlich ist.

Mineralwasser stammt aus unterirdischen Wasservorkommen und darf in seiner ursprünglichen Zusammensetzung nicht verändert werden.

Es dürfen lediglich Eisen-, Schwefel-, Mangan- und Arsenverbindungen entzogen werden und es darf Kohlenstoffdioxid zugesetzt werden, wodurch im Wasser Kohlensäure gebildet wird, oder CO^2 darf entfernt werden.

Auf dem Etikett befindet sich ein Auszug einer Wasseranalyse, wobei die Schadstoffe nicht erwähnt werden müssen.

Das heißt, für Mineralwasser wird anfangs eine Wasseranalyse in Auftrag gegeben, die beim Kauf des Mineralwassers bereits überholt sein kann.

Weitere offizielle Überwachungen finden nicht mehr statt.

Die Plastikflaschen, in denen viele Quell- und Tafelwässer verpackt sind, können eine weitere Gefährdung der Gesundheit darstellen.

Viele Analysen haben ergeben, dass sich aus Plastikflaschen gesundheitsschädigende Stoffe, sogenannte Weichmacher, lösen können.

Eine aktuelle Studie zeigt, dass Mineralwässer aus PET-Flaschen Stoffe enthalten, die wie Östrogen wirken. Diese könnten die männliche Fruchtbarkeit schädigen, warnen Experten.

Bei vielen Flaschenwässern ist die Qualität kaum besser, als bei normalem Trinkwasser, oft sogar schlechter.

In einigen Tafelwässern wurden immer wieder Verunreinigungen wie Arsen und Nitrat gefunden.

In der ZDF-Sendung „Abgefüllt und aufgetischt“ vom 30.05.2012 wurde bekannt gegeben, dass von Öko-Test in zahlreichen auch bekannten Markenwässern neben Bakterien vor allem das hochgiftige Uran, Abbauprodukte von toxischen chemischen Spritzmitteln, sowie erhebliche Mengen an künstlichen Süßstoffen entdeckt wurden, die aus menschlichen Ausscheidungen vermutet werden.

Das ist eine ziemlich eklige Angelegenheit und geändert hat sich bis heute nichts, da die Kontrollen noch immer so lasch sind, wie vor über zehn Jahren.

Aqua-Team testete 2023 Mineralwässer auf Schadstoffe.

In einem Wasser aus einer PET-Flasche fanden Forscher 500.000 Mikroplastik-Partikel pro Liter. Darüber hinaus enthalten PET-Flaschen hormonähnliche Substanzen, die ebenfalls schädlich auf den Organismus wirken.

Viele Schadstoffe, die in den Klärwerken aus dem Wasser gefiltert wurden, sammeln sich im Klärschlamm, der in den Kläranlagen als Abbauprodukt entsteht.

Dieser Abfall voller Schadstoffe wird in der Landwirtschaft oftmals zur Düngung von Feldern ausgebracht und beinhaltet Medikamentenrückstände, Hormonrückstände und viele weitere unappetitliche Stoffe, die sich aus dem Abwasser abgesetzt haben.

Diese Schadstoffe versickern in den Boden und gelangen mit der Zeit auch ins Grundwasser, das unser Leitungswasser speist. (aqua-team 2023)

Deshalb können wir davon ausgehen, dass Schadstoffe nicht nur in PET-Flaschen, sondern auch in Glasflaschen enthalten sind .

Wenn also diese Abbauprodukte der Kläranlagen auf die Felder gelangen, auf denen Getreide, Obst und Gemüse angebaut wird, gelangen diese auch wieder in unseren Körper.

Der Mensch hat sich einen giftigen Kreislauf geschaffen, mit dem er sich selbst vergiftet.

Werden zu viele giftige Stoffe in der „Mülltonne Körper" eingelagert, können sich langfristig Krankheiten entwickeln.

In der Medizin werden diese unerwünschten Abfallstoffe als „freie Radikale" bezeichnet.

Deshalb sollten Sie darauf achten, sich gesund zu ernähren mit einem hohen Anteil an Bio-Salaten, Bio-Obst und Bio-Gemüse.

Darin sind Antioxidantien enthalten, das sind Schutzstoffe, die vor Herzinfarkt, Krebs, Arterienverkalkung und frühzeitiger Alterung schützen.

Als Ergänzung zu vitaminreicher Kost ist zu empfehlen, reines Wasser ohne Schadstoffe zu trinken und zum Kochen zu verwenden.

Die Methode, Wasser abzukochen benutzte man früher, als Leitungswasser noch zahlreiche Krankheitserreger enthielt.

Nach dem Abkochen konnte man sicher sein, dass diese abgetötet waren.

Erwiesen ist, dass Viren, Sporen oder Zysten durch Abkochen nicht abgetötet werden.

Da das Trinkwasser heute vor allem mit Nitraten, Salzen, Schwermetallen und zahlreichen giftigen Chemikalien durch Industrie, Landwirtschaft und zunehmenden Medikamentenkonsum belastet ist, nützt das Abkochen nichts.

Diese Stoffe werden dann gar nicht oder nur teilweise entfernt.

Meine Familie und ich haben uns vor ein paar Jahren einen Wasserionisierer zugelegt, den man an den Wasserhahn anschließt.

Er funktioniert folgendermaßen: Wir drehen den Wasserhahn auf und das Gerät filtert Chlor und andere Verunreinigungen aus dem Leitungswasser und trennt dann, über ein als Elektrolyse bekanntes Verfahren, Wasserstoff und Sauerstoff.

Dieses Verfahren fügt dem Wasserstoff ein Elektron hinzu, wodurch ein neues Molekül entsteht, das sogenannte zweiatomige molekulare Wasserstoffgas.

Wird dies ihrem Trinkwasser zugesetzt, entsteht antioxydantienreiches Kangen-Wasser. Kangen Wasser ist ein basisches, ionisiertes Aktivwasser mit einer sehr guten Zellgängigkeit. (Kangen kommt aus dem Japanischen und heißt „Zurück zum Ursprung)

Es hat eine hohe antioxidative Wirkung und hilft somit, freie Radikale im Körper zu eliminieren. Es bildet besonders kleine Molekül-Cluster, wodurch das Wasser besser in die menschlichen Zellen eindringt, wo es im Körper benötigt wird.

Die Kraft von basischem, ionisierten Aktivwasser wird bereits seit mehr als vier Jahrzehnte im asiatischen Raum anerkannt und flächendeckend im überwiegenden Teil der japanischen und koreanischen Haushalte genutzt.

Die Firma Enagic ist hier absoluter Vorreiter und Weltmarktführer und erzeugt mit ihren Wasserionisierern „Kangen-Wasser“.

Die westliche Welt hinkt hierbei nach - wie immer.

Doch immer mehr Menschen entdecken auch hierzulande die Kraft dieses Wassers.

Es ist so einfach, ihren Körper täglich zu entgiften.

Es liegt in Ihrer Entscheidung, das Richtige für sich und ihre Familie zu finden. Es lohnt sich wirklich, jeden Tag reines gesundes Wasser zu trinken, glauben Sie mir.

Meine Familie und ich trinken dieses Wasser bereits seit einigen Jahren und sind begeistert.

Die Gefahr von Mikroplastik

Ich habe bereits mehrfach über Mikroplastik und Pestizide geschrieben und möchte jetzt näher darauf eingehen.

Mikroplastik entsteht durch den Zerfall größerer Plastikgegenstände oder werden speziell in dieser Größe (kleiner als 5mm) zur Anwendung in der Industrie gefertigt.

Es gelangt zu Millionen Tonnen in die Meere und wurde auch in Flüssen und Seen nachgewiesen.

Mittlerweile ist auch bekannt, dass Mikroplastik mit dem Klärschlamm auf die Felder gebracht wird und somit auch auf dem Land ein Problem darstellt.

Durch Funde an entlegenen Regionen, wie zum Beispiel der Arktis wurde nachgewiesen, dass Mikroplastik auch in der Luft vorhanden ist.

Dies bestätigten Funde von Mikroplastik in Regionen der Rocky Mountains der USA.

Zwangsläufig wird Mikroplastik auch von den Bewohnern dieser Erde durch Atmen, Essen und Trinken aufgenommen.

Es wurde bereits in den Mägen vieler Meeresbewohner nachgewiesen, zuletzt auch im Kot von Menschen.

Forscher gehen heute davon aus, dass jeder Mensch durchschnittlich 106 bis 120 Mikroplastikpartikel pro Tag allein mit der Nahrung zu sich nimmt, insgesamt schockierende <u>5 Gramm Plastik pro Woche, was in etwa einer Kreditkarte entspricht.</u>

Ein besonderes Problem stellen die chemischen Inhaltsstoffe der Mikroplastik dar.

Sie enthält viele Chemikalien, wie Bisphenol A oder Weichmacher.

Diese können Krankheiten wie Krebs bis Adipositas hervorrufen.

Die Auswirkungen von Mikroplastik auf den Menschen sind heute noch nicht abzuschätzen, da gültige Untersuchungen fehlen.

Allerdings ist davon auszugehen, dass die steigende Menge Mikroplastik im Menschen gravierende gesundheitliche Beeinträchtigungen zur Folge hat.

Somit hat auf unserem Planeten das Plastozän- das Plastikzeitalter endgültig Einzug gehalten.

Bereits in vielen Ländern, wie den USA und Schweden, ist Mikroplastik bereits verboten worden, was in Deutschland noch nicht absehbar ist.

Doch es besteht Hoffnung, dieser Verseuchung Herr zu werden.

Weltweit ist die Herstellung von Bioplastik auf dem Vormarsch, wie zum Beispiel in Thailand oder den USA.

Biokunststoffe lassen sich aus einer Vielzahl pflanzlicher Rohstoffe herstellen.

Zum Einen können natürliche Polymere, also Makromoleküle, die in der Natur vorkommen, genutzt werden. Zum Anderen dienen kleinere Moleküle, wie Zucker, Disacccharide und Fettsäuren als Ausgangsbasis für die Produktion.

All diese nachwachsenden Rohstoffe können auf unterschiedliche Weise gewonnen, modifiziert und zu biobasierten Kunststoffen weiter verarbeitet werden.(Bundesministerium für Ernährung und Landwirtschaft - Fachagentur Nachwachsende Rohstoffe)

Ich hoffe sehr, besonders für die kommende Generation, dass diese Entwicklung schnellstmöglich vorangetrieben wird.

Weltweit sollen 83 % des gesamten Leitungswassers mit Mikroplastik verunreinigt sein. Mittlerweile sind die Testergebnisse auch bei uns beunruhigend.

Während das Wasser in Beirut/Libanon und den USA besonders belastet war, 94 % der untersuchten Proben enthielten Mikroplastik, hat das Wasser in Europa bes-

ser abgeschnitten. Aber auch hier waren immer noch 72 % der Proben belastet.

Im Rahmen der durch „Bild" in Auftrag gegebenen Analyse fanden die Forscher in Hamburg und Dortmund in einem halben Liter Leitungswasser durchschnittlich 2,5 Teilchen. In Berlin war nur eine einzige Probe unbelastet, die aus dem Deutschen Bundestag.

Unsere Politiker wissen sich also zu schützen und kennen die gesamte Problematik genau.

Weiterhin hat ÖKO-Test Mikroplastik in 24 von 26 getesteten Waschmitteln gefunden

Mikroplastik befindet sich in 21 Handcremes, darunter neben Nivea auch in bekannten Marken wie Bepanthol, Neutrogena und Eucerin Balea Kneipp, um nur Einige zu nennen.

Wir finden Mikroplastik in Kaugummi, Pfannen mit Teflon-Beschichtung, Duschgel, Shampoo, Weichspüler und Bekleidung mit künstlichen Fasern.

Erkennen Sie, wie verpestet und belastet unsere Umwelt ist und mit wie vielen Umweltgiften unser Körper täglich zu kämpfen hat ?

Ich habe nicht die Absicht, Sie in Angst und Schrecken zu versetzen, im Gegenteil.

Ich will Ihnen die Augen öffnen. Versuchen Sie sich und ihre Lieben so gut es geht zu schützen. Es gibt Alternativen und man kann Vieles selbst herstellen.

In unserem Ort wird aus biologischen Mitteln Seife selbst hergestellt, auch für das Haar. Es gibt natürliche Waschmittel und beim Kauf von Kleidung hat man auch die Wahl.

Waschbecken und Toilette lassen sich wunderbar mit Zitronensäure und Natron reinigen. Es gibt viele Möglichkeiten.

Was sind Pestizide?

*Da bereits mehrfach von Pestiziden die Rede war, stellt sich die Frage: **Was sind Pestizide überhaupt?***

Unter chemisch-synthetischen Pestiziden versteht man Substanzen oder Gemische, die zur Bekämpfung von Schädlingen eingesetzt werden, darunter Insekten, Pilze, Schimmelpilze und Unkraut-Arten.

Diese Substanzen sind auch unter der Bezeichnung Pflanzenschutzmittel bekannt.

Es gibt Insektizide zur Insektenbekämpfung, Herbizide zur Unkrautbekämpfung und Fungizide zur Pilzbekämpfung.

Die insektizide Wirkung bestimmter organischer Phosphorsäureverbindungen (OPP) wurde bei militärischen Forschungen zu Nervengasen entdeckt.

Seit dem 2. Weltkrieg werden zahlreiche Organphosphat-Pestizide für den Einsatz in der Landwirtschaft vermarktet.

All diese Pestizide wirken toxisch auf uns Menschen.

Wir atmen sie vor und nach dem Besprühen der Felder durch die Luft ein und durch Pestizidrückstände im Staub sind sie auch in unseren Wohnbereichen.

Wir nehmen sie durch die Nahrung zu uns und durch das Trinken von Wasser, wenn durch das Ausbringen von Pestiziden auf landwirtschaftlichen Nutzflächen Oberflächenwasser und Grundwasser kontaminiert sind.

Studien zeigen, dass Nahrungsmittel häufig Mehrfachrückstände enthalten.

Folglich werden uns Pestizide als Gemische bzw. Cocktails dargereicht.

Auch in Nutztieren können sich Pestizide aus kontaminierter Nahrung oder dem -veterinären Pestizideinsatz anreichern.

In der Regel werden diese Substanzen im Fett und in den Muskeln der Tiere gespeichert, einige wurden jedoch auch im Gehirn, Leber, Lunge und anderen Innereien nachgewiesen (LeDoux 2011)

Insektizide und Akarizide werden häufig zur Bekämpfung von Ektoparasiten (Zecken, Milben, Flöhe), wie der roten Vogelmilbe in der Geflügel- und Eierproduktion eingesetzt.

In der Folge reichern sich einige dieser Pestizide in Muskeln, Fett und Leber an und lassen sich in Eiern auch noch lange nachweisen, nachdem die Chemikali-

en aus anderen Geweben bereits abtransportiert wurden. (Schenck und Donoghue 2000)

Auch Milch- und Milcherzeugnisse enthalten auf Grund von Bioakkumulation und Ablagerung im Fettgewebe der Tiere eine Reihe von Substanzen.

Dies ist besonders von Bedeutung, weil Kuhmilch in der menschlichen Ernährung häufig ein Grundnahrungsmittel ist, dass vor allem Kinder zu sich nehmen.

Seit 1950 hat sich die Bevölkerungszahl auf unserem Planeten verdoppelt.

Die Ackerflächen zur Ernährung dieser Menschen sind aber bis 2020 nur um 10 % gewachsen.

Seit 2022 gehen stetig landwirtschaftliche Flächen verloren (lt. BMEL)

Typische Beispiele sind die Umwandlung in Siedlungs- und Verkehrsfläche, Infrastrukturvorhaben und erneuerbare Energien, Naturschutz einschließlich Flächen für Kompensationsmaßnahmen, die Aufforstung und die Ausdehnung von Gewässern.

Nach meinen Recherchen gehen die meisten Ackerflächen durch erneuerbare Energien wie Solarparks, Windkraftanlagen, Siedlungs- und Verkehrsflächen verloren.

Es müssen aber immer mehr Nahrungsmittel zu geringen Preisen hergestellt werden.

Der Zustand der Ackerflächen ist besorgniserregend, da der Boden seiner Nährstoffe beraubt wird.

Zur Lösung des Problems bedient man sich in der großflächigen Intensivlandwirtschaft auf Düngemittel und Pestizide.

Seit den 50er Jahren kommen synthetische Pestizide in der industriellen Landwirtschaft weltweit in großem Umfang zum Einsatz.

Viele dieser Pestizide haben im Lauf der Zeit infolge ihrer häufigen Anwendung und in einigen Fällen auch infolge ihrer Umweltpersistenz (Persistenz = Verweildauer) tief in unsere Umwelt eingegriffen.

Einige werden derart langsam abgebaut, dass selbst nach Jahrzehnten verbotene Chemikalien, darunter DDT und seine Nebenprodukte, auch heute immer wieder in der Umwelt nachgewiesen werden. (DDT = Insektenbekämpfungsmittel)

Infolge dieser Persistenz und der potentiellen Gefahren für Tiere und Pflanzen hat die Forschung der Auswirkungen von Pestiziden in den vergangenen 30 Jahren zugenommen.

Inzwischen ist klar, dass diese Auswirkungen weitreichend und vielfältig sind.

Im gleichen Zeitraum sind auch die wissenschaftlichen Erkenntnisse über die Auswirkungen von Pestiziden auf die menschliche Gesundheit und ihre Wirkungsmechanismen rasch gewachsen

Studien verdeutlichen statistische Zusammenhänge zwischen der Pestizid-Explosion und einem höheren Risiko für Fehlentwicklungen, neurologischen und immunologischen Störungen, sowie einige Krebsarten.

Es gibt keine Bevölkerungsgruppen, die Pestiziden nicht ausgesetzt sind.

Hinzu kommt, dass die meisten Krankheiten auf eine Reihe von Ursachen zurückzuführen sind.

Darüber hinaus sind die meisten Menschen in ihrem Alltag auf verschiedensten Wegen komplexen und sich stets verändernden Chemikaliengemischen ausgesetzt, die nicht nur Pestizide umfassen.

Diese toxische Belastung wird durch Pestizide noch verstärkt.

Durch die täglich aufgenommene Nahrung ist die Allgemeinbevölkerung einem wahren Pestizid - Cocktail ausgesetzt.

In landwirtschaftlichen Gebieten, in denen Pestizide zum Einsatz kommen, landen diese Substanzen in der Luft, verschmutzen den Boden und Wasserwege und werden auch von Pflanzen aufgenommen, die nicht gezielt besprüht werden, zum Beispiel, wenn Sie Ihren Garten in der Nähe von Feldern haben ist es durchaus möglich, dass auch ihr eigenes Obst und Gemüse eine Belastung durch Pestizide aufweist.

Auch die Menschen werden durch das Versprühen von Pestiziden einem Mix aus Chemikalien ausgesetzt.

Laut Berechnungen des Umweltbundesamtes werden auf jedem Hektar landwirtschaftlicher Nutzfläche pro

Jahr durchschnittlich 2,8 kg Pestizidwirkstoffe einge-
setzt. Das muss man sich mal auf der Zunge zergehen
lassen und das jedes Jahr aufs Neue.

Jeder weiß, wie gefährlich dieses Gift für alles Leben
ist und es wird trotzdem nicht verboten.

Warum nicht ?

Der Bund für Umwelt und Naturschutz hat die Bro-
schüre „Alternativen zu chemisch-synthetischen Pesti-
ziden in der Landwirtschaft" veröffentlicht, denn es
gibt sie, die anderen Pflanzenschutzmittel und zwar
ganz natürlich ohne Chemie.

Warum also vergiften wir uns und unsere nachfolgende
Generation weiterhin im vollen Bewusstsein, dass wir
dadurch sehr krank werden können und unsere Umwelt
zerstört wird. Liegt es wiedermal an der Profitgier von
Großkonzernen, die sich mit ihren Giftstoffen eine gol-
dene Nase verdienen?

Man braucht nicht lange zu suchen. Die vier Konzerne-
die Syngenta Group, Bayer, Corteva und BASF- teilten
sich 2018 etwa 70 % des Weltmarktes für Pestizide.

Zum Vergleich: 1994 betrug der Marktanteil der vier
größten Anbieter 29 %.

Hier liegt also der Hase im Pfeffer.

Der weitreichende Einsatz chlororganischer Pestizide
in den 1960er und 1970er Jahren führte in vielen Tei-
len der Welt zu einem dramatischen Rückgang von
Wildtierpopulationen.

Am Deutlichsten lässt sich dies anhand der dokumentierten Auswirkungen auf Greifvögel und ihrer zahlenmäßigen Rückgänge aufzeigen. (Köhler et.al.2013)

Pestizide lassen sich in jedem Lebensraum auf der Erde finden und werden routinemäßig bei Säugetieren im Meer und auf dem Land nachgewiesen. (Carpenter et al.2014)

Insektizide sind nicht nur für Zielschädlingsarten tödlich, sondern auch für andere wirbellose Arten, die für Vögel und andere Wirbeltiere gleichzeitig Schutz und Nahrung beinhalten.

Mittlerweile gelten Amphibien (Kriechtiere) als die am meisten gefährdete und am schnellsten zurückgehende Artengruppe der Erde. Sie verschwinden weltweit aus ihren natürlichen Lebensräumen.

Forschungen von Brühl et al.(2013) legen nahe, dass Frösche gegenüber den toxischen Auswirkungen von Pestiziden in dem Ausmaß, wie sie derzeit in der Landwirtschaft eingesetzt werden, extrem empfindlich sind.

Das Insektizid Clothianidin kommt seit Ende der 1990er Jahre in der Landwirtschaft zum Einsatz.

Es ist ein Nervengift und wirkt sehr viel giftiger auf Bienen als herkömmliche Pestizide. Es geht also immer noch ein bisschen mehr.

Nachdem es nach dem massenhaften Bienensterben 2008 verboten wurde, sind Pestizide mit diesem Wirkstoff wieder im Einsatz.

In den vergangenen Jahren starben Bienen weltweit in nicht gekanntem Ausmaß.

In Deutschland gingen etwa ein Viertel bis ein Drittel der Bienenvölker verloren.

Zeitgleich verschwinden in den betroffenen Regionen Wildbienen, Schmetterlinge und sonstige Nutzinsekten.

Das Bienenvolkssterben und Nutzinsektensterben stehen im direkten Zusammenhang mit dem zunehmenden Einsatz von Neonicotinoide (Insektizid) in der Landwirtschaft. Sie haben dramatischere Auswirkungen, als bisher bekannt: Sie sind relativ langlebig, reichern sich im Boden an und können durch Pflanzen und Tiere wieder aufgenommen werden. Dadurch schädigen sie wichtige Elemente der Nahrungskette.

Viele Pflanzen, darunter junge Maispflanzen, scheiden an den Blatträndern Wasser Tröpfchen ab. Die Gifte lassen sich darin in hoher Konzentration nachweisen.

Bienen, die ihren Wasserbedarf häufig über dieses Guttationswasser decken, starben nach Aufnahme dieser Wassertröpfchen.

Auch auf den Menschen gibt es Hinweise auf schwerwiegende Gesundheitsrisiken, einschließlich Krebs durch einige dieser Pestizide.

Die wenigen öffentlich zugänglichen Untersuchungsergebnisse zeigen, dass die Wirkungen offenbar unterschätzt wurden.

Bei langer Einwirkzeit reichen geringe Konzentrationen der Gifte, um massive Schäden hervorzurufen.

Für die Landwirtschaft sind Bienen von großer Bedeutung. Sie bestäuben viele Kulturpflanzen wie Obstbäume und Gemüsepflanzen und tragen so erheblich zum Ernteerfolg bei.

35 % der weltweiten Nahrungsmittelproduktion hängen nach Angaben der Welternährungsorganisation der Vereinten Nationen von Bestäubern ab.

Zu diesen gehören neben Bienen auch Vögel, Schmetterlinge, andere Insekten und Säugetiere, wie die Fledermäuse.

Darüber hinaus zeigen die meisten Kulturpflanzen durch Tierbestäubung natürliche Produktionssteigerungen zwischen 5 und 50 %.

Der weltweite Rückgang von Bestäubern gefährdet daher die Lebensmittelsicherheit und die Vielfalt an gesunden Lebensmitteln.

Trotz ihrer bienenschädigenden Wirkung sind Nionikotinoide weiterhin erlaubt.

Auch deshalb, weil Effekte, die nicht unmittelbar tödlich sind, bisher bei der Pestizid-Zulassungsprüfung kaum berücksichtigt werden. Das ist unfassbar und unverantwortlich.

Die Landwirtschaft könnte auf bienengefährdende Beizmittel verzichten, das zeigt die landwirtschaftliche Praxis in Frankreich. Auf 2,8 Millionen Hektar wird erfolgreich Mais angebaut, ohne Einsatz von Beizmitteln.

Umweltschützer und Wissenschaftler warnen vor den Folgen und appellieren an die zuständigen Behörden, diese Massenvergiftung zu beenden.

Aber sobald Klimaschutz Geld kostet, will Keiner etwas davon wissen.

Die Menschen werden durch die Medien irregeführt, belogen und für dumm verkauft.

Wir sollen E-Autos fahren, weniger Fleisch essen, Windkraftanlagen und Solarparks gegen unsere Natur eintauschen, alles zum Wohl des Klimaschutzes.

Und was passiert wirklich, worüber kaum oder überhaupt nicht berichtet wird ?

Die eigentlichen Verursacher sitzen ganz oben. Sie sind diejenigen, die uns erklären wollen, was gut für uns ist und was nicht. Es geht um Macht, Profitgier, Egoismus und hat mit Klimaschutz rein gar nichts zu tun, im Gegenteil.

2006 wurden in Deutschland 29.850 Tonnen Pestizide versprüht. Obwohl die Mittel laut Chemieindustrie immer wirksamer werden, ist die eingesetzte Menge gestiegen.

Hier müsste auch der letzte Zweifelnde merken, dass es einzig und allein um den Profit geht. Klimaschutz, Natur- und Artenschutz interessiert niemanden mehr.

Unsere Kinder und Kindeskinder werden nicht verstehen, warum wir das zulassen konnten. Sie werden uns anklagen und verfluchen, weil sie auf einem vergifteten Planeten leben müssen

Gemäß § 19 des deutschen Pflanzenschutzgesetzes sind Hersteller und Vertreiber von Pestiziden verpflichtet, jährlich die Menge der verkauften Pestizide und die darin enthaltenen Wirkstoffe an das BVL zu melden. (Bundesamt für Verbraucherschutz und Lebensmittelsicherheit)

Daraus wird deutlich, dass exportierte Mengen zum Teil weit über den in Deutschland verkauften Mengen liegen.

Mit dem Export von Pestiziden exportieren deutsche Firmen auch die damit verbundenen Risiken, die bei Transport, Lagerung, Anwendung und Entsorgung entstehen.

Niemanden kümmert es, dass sich keiner dieser Giftmischer an die Gesetze hält.

Profit steht über den Menschen, Tieren, Insekten und unser aller Lebensraum wird systematisch vernichtet.

Das ist in meinen Augen nicht nur kriminell sondern eine langsame Massenvernichtung von allem, was lebt.

Tatanga Mani, Häuptling der Indianer (gehörte zum Volk der Stoney in Kanada) sagte einmal:

- *„Vieles ist töricht an Eurer Zivilisation.*

- *Wie Verrückte lauft ihr weißen Menschen dem Geld nach, bis Ihr so viel habt, dass Ihr gar nicht lang genug leben könnt, um es auszugeben.*

- *Ihr plündert die Wälder, Ihr plündert den Boden, Ihr verschwendet die natürlichen Brennstoffe, als käme nach Euch keine Generation mehr, die all das ebenfalls braucht.*

- *Die ganze Zeit redet Ihr von einer besseren Welt, während Ihr immer größere Bomben baut, um jene Welt, die Ihr jetzt habt, zu zerstören".*

Es gibt so viele Menschen denen es einfach egal ist, was um sie herum passiert.

Sie konsumieren die vergifteten Lebensmittel, die sie krank machen.

Dann schlucken sie noch mehr Gift, um wieder gesund zu werden.

Das ist doch paradox, eine Spirale, die sich immer weiter nach oben spult

Auch hier gibt es bereits Alternativen, die Hoffnung machen.

Die ökologische Landwirtschaft ist die einzig wirksame und tragfähige Lösung, wenn es um den Schutz der menschlichen Gesundheit und der Umwelt geht.

Die in jüngster Zeit verzeichnende Zunahme biologischer Anbaupraktiken in Europa macht deutlich, dass eine Landwirtschaft ohne Pestizide ohne Weiteres möglich, skalierbar, wirtschaftlich rentabel und sicher für die Umwelt ist.

Die nach ökologischen Kriterien bewirtschaftete Fläche - sowohl für den Anbau von Feldfrüchten und Obstbäumen, als auch für die Tierhaltung - stieg zwischen 2002 und 2011 von 5,7 auf 9,6 Millionen Hektar (Europäische Kommission 2013).

Inzwischen dürfte diese Zahl weiter gestiegen sein.

Nach den Kriterien des ökologischen Landbaus erzeugte Lebensmittel sind gesundheitlich unbedenklich, da keine Pestizide eingesetzt werden.

Durch die Umstellung auf ökologische Anbaumethoden ist es möglich, eine giftfreie Zukunft und eine sichere Umwelt für unsere Kinder zu schaffen.

Der ökologische Landbau sollte gefördert und unterstützt werden.

Treffen Sie die richtige Wahl, wenn Sie Lebensmittel für sich und Ihre Familie kaufen.

Ihr Körper wird es Ihnen danken.

Seit einiger Zeit stelle ich allerdings fest, dass auch die Supermärkte Bio-Produkte anbieten, die entsprechend preisintensiver sind. z.B. EU-Bio-Siegel - stilisiertes Blatt auf grünem Hintergrund, Deutsches Bio-Siegel - sechseckiges Zeichen.

Aber auch hier ist Vorsicht geboten, denn es ist längst nicht alles Bio, wo Bio draufsteht.

Laut „top agrar" versuchen Unternehmen, die Bio-Produkte herstellen, die Bio-Gesetze systematisch zu umgehen.

Sie panschen Futtermittel und pferchen Tiere in enge Ställe.

Am sichersten ist es also, wenn man die Möglichkeit hat, beim Biobauern einzukaufen oder sein Obst und Gemüse selbst anzubauen.

Bei uns im Ort gibt es eine Gärtnerei, die unbehandeltes Obst und Gemüse verkauft, der Nachbar liefert regelmäßig Eier und Fleisch beziehen wir von einem Biobauern. Dort grasen die Auerochsen das ganze Jahr auf saftigen Wiesen.

Ich bin mir sicher, dass es auch in Ihrer Nähe den einen oder anderen Biohof gibt, der nur darauf wartet, von Ihnen entdeckt zu werden, es lohnt sich.

Massentierhaltung

Wenn ich von Umweltgiften schreibe, vergifteten Lebensmitteln, verunreinigten Böden und schadstoffhaltigem Wasser, so hat die Massentierhaltung dabei mit den höchsten Stellenwert.

Massentierhaltung ist das Abscheulichste und Schändlichste, was von uns Menschen anderen Lebewesen auf diesem Planeten angetan wird.

Wer gibt uns das Recht dazu ??

Alle wissen es, dulden es, verdrängen es oder unterstützen es.

Aber es gibt Stimmen, die immer lauter werden von Menschen, die das nicht mehr hinnehmen wollen, die diese Mitschuld am unendlichen Tierleid nicht mehr bereit sind zu tragen.

Diesen Menschen möchte ich auf diesem Wege von ganzem Herzen danken.

In unserem Staat gibt es ein Tierschutzgesetz, herausgegeben vom Bundesministerium der Justiz und für Verbraucherschutz, an das sich jeder Tierhalter unseres Landes halten muss, sonst macht er sich strafbar.

Ich zitiere hier nur den § 1 und § 2 des Tierschutzgesetzes:

§ 1

- **Zweck dieses Gesetzes ist es, aus der Verantwortung des Menschen für das Tier als Mitgeschöpf dessen Leben und Wohlbefinden zu schützen.**

- **Niemand darf einem Tier ohne vernünftigen Grund Schmerzen, Leid oder Schäden zufügen.**

§ 2

1. **muss das Tier seiner Art und seinen Bedürfnissen entsprechend angemessen ernähren, pflegen und verhaltensgerecht unterbringen.**

2. **darf die Möglichkeit des Tieres zu artgerechter Bewegung nicht so einschränken, dass ihm Schmerzen oder vermeidbare Schmerzen oder Schäden zugefügt werden.**

3. **muss über die für eine angemessene Ernährung, Pflege und verhaltensgerechte Unterbringung des Tieres erforderlichen Kenntnisse und Fähigkeiten verfügen.**

Ich gehe davon aus, dass damit alle Tiere gemeint sind, in § 1 steht „Niemand darf einem Tier ohne vernünftigen Grund Schmerzen, Leid oder Schäden zufügen".

Kann es dafür überhaupt einen vernünftigen Grund geben? **N i e m a l s!**

Bei der Massentierhaltung sind diese Gesetze außer Kraft gesetzt aus dem einfachen Grund, so viel Fleisch, Eier Milch wie möglich mit dem gering möglichsten Aufwand zu produzieren, um die Preise niedrig zu halten und genügend Gewinn herauszuschlagen. Das ist die industrielle Massentierhaltung.

Tiere sind keine Tiere mehr, sondern nur noch produzierende Maschinen.

Immer mehr Menschen setzten sich für eine artgerechte Tierhaltung ein und ich glaube fest daran, dass auch Sie dieses Tierleid beenden wollen.

Als Massentierhaltung, auch als Intensivtierhaltung oder landlose Tierproduktion bezeichnen wir das Halten von mehr als 1.250 Mastschweinen, 20.000 Legehennen oder 30.000 Masthühnern.

Die Tiere sind in enge Käfige gepfercht, in denen sie sich oft noch nicht einmal umwenden können. Es herrschen katastrophale hygienische Bedingungen und schwerste Verhaltensstörungen.

Stellt sich heraus, dass ein Tier nicht bis zur Schlachtung überlebt, wird es meist schon vorher getötet, um kein wertvolles Futter zu verschwenden.

Viele von Ihnen wissen um dieses Elend und die Grausamkeit, schauen einfach weg und kaufen weiterhin ihr Fleisch im Supermarkt.

Ich wünsche mir, dass diese Weggucker und Unterstützer der Massentierquälerei für einen Tag in eines dieser Tier-Kz's gesteckt werden, inmitten der gequälten und ausgemergelten Geschöpfe.

Doch alles, was wir den Tieren antun, kehrt letztendlich zu uns, den Verbrauchern zurück.

Die Tiere werden mit billigem Industrie-Energiefutter gemästet, damit sie möglichst schnell das Mastgewicht erreichen.

Um zu verhindern, dass sich Krankheiten ausbreiten, werden den Tieren Antibiotika verabreicht, die sich in den Tieren ansammeln und so schließlich vom Verbraucher verzehrt werden.

Durch den Antibiotika-Einsatz in der Tierhaltung steigt das Risiko von resistenten Keimen, denen allein im Jahr 2007 in Europa 8000 Menschen zum Opfer fielen, Tendenz steigend.

Die große Enge in den Käfigen oder Boxen und durch mangelnde Bewegung unterentwickelte Muskeln, das zu große Gewicht, Verletzungen und Gelenkschäden durch die Gitter- oder Spaltböden führen dazu, dass die Tiere sich oft kaum noch auf den Beinen halten können, wenn sie schließlich zum Schlachten transportiert werden.

Meist sehen sie bei diesem letzten Gang zum ersten mal das Tageslicht.

Immer wieder verhungern die Tiere bereits in den Ställen, weil sie nicht mehr in der Lage sind, das Futter zu erreichen.

Der hohe Einsatz von Antibiotika in Hühner- Schweine- und Putenställen ist heftig umstritten.

Tierschützer und Umweltverbände werfen Viehhaltern massiven Missbrauch vor, weil Antibiotika im großen Stil auch an Tiere verfüttert werden, die gar nicht krank sind.

Oft reicht der Verdacht, dass etwa ein Huhn von 40.000 in einem Stall krank ist, werden auch alle anderen Tiere prophylaktisch behandelt.

Tierschützer protestieren seit Jahren gegen die brutalen Haltungsbedingungen in den Ställen.

15 ausgewachsene Masthühner auf einer Fläche so groß wie ein Badehandtuch ist Usus in vielen Betrieben.

Inzwischen wurde das Arzneimittelgesetz geändert.

Tierärzte müssen künftig melden, welche Mengen an Antibiotika sie einkaufen und an welche Betriebe sie diese geliefert haben.

Zwar können Behörden bislang bei Antibiotika-Missbrauch Bußgelder verhängen, da aber Verstöße nur schwer nachzuweisen sind, wurden in der Vergangenheit kaum Strafen verhängt

Kommen die Tiere nach stunden- oder tagelangen Transporten schließlich im Schlachthof an, werden sie kopfüber an den Beinen aufgehängt und mit einem Schnitt in die Halsschlagader ausgeblutet.

Das Gesetz schreibt vor, dass die Tiere vorher betäubt werden müssen, doch allzu oft geschieht das nicht.

Legehennen

In Deutschland gibt es 44 Millionen Legehennen, die in Käfigbatterien gehalten werden, vier Hennen auf einer Fläche von 40 x 45 cm auf bloßem Drahtboden.

Aus Platzgründen werden mehrere Käfigreihen übereinander gestapelt.

Mit einem Draht, durch den Strom fließt, werden die Hennen daran gehindert, nach den Eiern zu picken.

Dieses Leid ist kaum vorstellbar und ich will es Ihnen trotzdem vor Augen führen. Wir alle dulden und finanzieren diese Grausamkeiten indem wir es konsumieren.

Können Fleisch und Eier bei solch einer Tierhaltung noch gesund sein?

Ohne Tageslicht, ohne Auslauf, vollgestopft mit Antibiotika und Industrie-Mastfutter?

Diese Frage beantworten Sie sich bitte selbst.

Die Eierproduktion lässt nach ein bis zwei Jahren wegen Erschöpfung nach.

Manchmal wird aber auch eine Schock-Methode angewendet.

Futterentzug kann eine weitere Legeperiode auslösen, so dass die Tiere länger verwendet werden können.

Seit 2012 sind in den EU-Ländern „ausgestaltete Käfige" für eine artgerechtere Tierhaltung Pflicht.

Jetzt stehen jedem Huhn 27 x 27 cm statt wie bisher 23,5 x 23,5 cm zu, dass ist doch lächerlich.

Zudem müssen die Käfige eine Sitzstange, eine Scharrmatte und ein Nest enthalten.

Die Scharrmatte entpuppt sich als schnell voll gekoteter Plastikrasen, während das Nest eine Plastikgittermatte oder eine Plastikschale ist.

Die Art der „Verbesserung" soll den Verbraucher beruhigen, bringt den Tieren aber keine Besserung.

Kühe-Rinder-Schweine

12,5 Millionen Rinder leben in Deutschland, wovon 4 Millionen Milchkühe sind.

Gehalten werden sie meist in engsten Boxen, in der Anbindehaltung oder in Bodenbuchten.

Es gibt auch Laufställe, die allerdings kaum Platz bieten.

Damit eine Milchkuh Milch gibt, wird sie immer wieder gedeckt und nach der Geburt, nach nur wenigen Tagen von ihrem Kalb getrennt.

Die Hochleistungskühe leiden oft an Euterentzündungen.

Männliche Kälber werden für vier Monate nach der Geburt mit Kunstmilch aufgezogen.

Dadurch wird dem Kalb das Eisen entzogen, da die Blutarmut des Kalbes das Fleisch zart und weich macht.

Kommt das Kalb schließlich zur Schlachtung, kann es sich vor Schwäche kaum noch auf den Beinen halten.

Schon beim Schreiben laufen mir die Tränen und ich schäme mich, ein Mensch zu sein.

Haben wir vergessen, dass Tiere Lebewesen sind, die genau wie wir Schmerz, Leid, Trauer, Stress und auch Freude empfinden?

Sind wir so gefühllos geworden?

Ich will versuchen, Ihnen klar zu machen, dass auch die Nutztiere ein Recht auf artgerechtes Leben haben, dass letztendlich uns Verbrauchern eine gesündere Ernährung und bessere Gesundheit beschert.

Was hat es nun mit der so „gesunden" Milch auf sich?

Die steuerfinanzierte Deutsche Gesellschaft für Ernährung (DGE) empfiehlt den Verzehr von Milchprodukten uneingeschränkt, ohne auf das Brust- und Prostatakrebs sowie auf das Diabetisrisiko hinzuweisen, obwohl ihr das nachweislich bekannt ist.

Hautkrankheiten verschwanden bei Betroffenen, nachdem sie den Konsum von Milchprodukten eingestellt hatten und traten nach erneutem Konsum wieder auf.

Es ist nicht natürlich, die Muttermilch anderer Spezies zu trinken.

Die Zusammensetzung der Kuhmilch ist optimal für das Wachstum neugeborener Kälber.

Für menschliche Säuglinge ist sie sogar lebensgefährlich.

Aber auch Tiere trinken Milch nur im Säuglingsalter.

Der größte Teil der Menschheit verträgt Kuhmilch schon deshalb nicht, weil der Körper die Produktion des Enzyms Laktase nach dem Abstillen auf natürliche Weise einstellt da es benötigt wird, um den Milchzucker aufzuspalten.

Milchverzehr führt dann zu Durchfällen und Darmkrämpfen.

Milch ist auch nicht zur Vorbeugung gegen Osteoporose geeignet, obwohl das aufgrund des hohen Kalziumgehaltes immer wieder behauptet wird.

Im Gegenteil, das in der Milch enthaltene Kasein entzieht dem Körper sogar noch zusätzlich Kalzium.

Deshalb treten in den Regionen der Welt, in denen die meiste Kuhmilch konsumiert wird, auch die meisten Osteoporosefälle auf.

Die grasfressende Kuh hingegen hat einen kräftigen Knochenbau, obwohl sie keine Milch trinkt.

Laut „Peta" begünstigt Kuhmilch sogar Herz-Kreislauferkrankungen.

Kuhmilch hat einen hohen Anteil an gesättigten Fettsäuren, die die Blutfettwerte und damit das Risiko für Herz- Kreislauferkrankungen erhöhen.

Neben den naturgegebenen gesundheitsschädigenden Stoffen wie gesättigten Fettsäuren enthält Kuhmilch auch verschiedene Substanzen, die in unserer Nahrung nichts zu suchen haben, da sie unserer Gesundheit schaden können.

Aufgrund der grausamen Bedingungen in der Milchindustrie leiden viele Kühe an chronischen Euterentzündungen.

Das ist nicht nur sehr schmerzhaft, sondern entlässt auch Eiterzellen in die Milch.

In der industriellen Tierhaltung kommen massenhaft Medikamente zum Einsatz, damit die Tiere unter den grausamen Bedingungen überleben, bis sie im Schlachthaus getötet werden.

Die folgenden pharmakologisch aktiven Substanzen sind auch in der Milch der Tiere enthalten: Antibiotika, Schmerzmittel, Betablocker, synthetische Geschlechtshormone u.s.w..

Vor allem in Rohmilch und Rohmilchkäse sind teilweise viele verschiedene Mikroorganismen enthalten, die unserer Gesundheit schaden können, darunter Salmonellen, Listerien, Clostridium, Campylobacter und viele weitere.

Für unsere Kalziumversorgung ist keinesfalls Kuhmilch nötig, denn viele pflanzliche Lebensmittel enthalten jede Menge Kalzium.

Dazu gehören unter anderem Sesam, Mandeln, Haselnüsse, Soja, Grünkohl, Spinat.

Es gibt wunderbare Pflanzendrinks zu kaufen, so dass sie sich mit Leichtigkeit für eine gesunde Alternative entscheiden können.

In Deutschland leben 27,4 Millionen Schweine.

Die Säue werden dauerträchtig oder stillend gehalten, damit immer genug Nachschub für die Fleischproduktion gesichert ist.

Da die Tiere sich auf Grund schwerster Verhaltensstörungen gegenseitig die Schwänze abfressen würden, werden diese vorsorglich kopiert, was ohne Betäubung geschieht.

Aber auch tote Artgenossen werden gefressen.

Da die Tiere schnell an Gewicht zunehmen, sind ihre Gelenke und Muskeln nicht kräftig genug, so dass sie sich oft kaum auf den Beinen halten können.

Am Schlachthof können viele nicht mehr eigenständig aus dem Laster steigen.

Bitte lassen Sie uns dieses Leid an unseren Nutztieren endlich beenden.

Noch ein Wort zu den Folgen der Massentierhaltung für Umwelt, Klima und Natur.

In der industriellen Massentierhaltung Deutschlands konzentrieren wir uns vor allem auf das Tierleid, den Missbrauch an Antibiotika und die regelmäßigen Skandale um Giftstoffe in Futtermitteln.

Andere Sünden bleiben aber meist hinter den emotional dominierenden Themen zurück.

Dazu gehören der hohe Wasserverbrauch, die Entwaldung und Bodendegeneration, die alarmierende Klimabilanz, oder der rasante Verlust an biologischer Vielfalt in der Natur.

Tatsächlich produzieren unsere Tierställe mehr Klimagase, als sämtliche Auspuffrohre zusammen. (Peta)

*Die klimatischen Folgen von Waldrodungen, um Wei-
deland zu gewinnen, oder Viehfutter anzubauen, sind
verheerend.*

Der Wald

*Unser Wald hat für mich einen ganz besonderen Stel-
lenwert.*

*Er ist so voller Wunder und Lebensraum für unzählige
Lebewesen.*

*Er ist unser Sauerstoffdepot, Erholungsort, Seelenhei-
ler, Klimaschützer und Rohstofflieferant in einem.*

*Ich möchte mit einem wunderbaren Gedicht beginnen,
dass ich unlängst beim Recherchieren gefunden habe
und es mit Ihnen teilen.*

Ich bin der Wald

Ich bin uralt

Ich hege den Hirsch

Ich hege das Reh

Ich schütze Euch vor Sturm.

Ich schütze Euch vor Schnee.

Ich wehre dem Frost.

Ich wahre die Quelle.

Ich hüte die Scholle.

Bin immer zur Stelle.

Ich bau Euch das Haus.

Ich heiz Euch den Herd.

Drum ihr Menschen

haltet mich wert.

Diese Zeilen sagen alles aus um zu verstehen, wie wichtig die Wälder für uns sind.

Doch sie verschwinden weltweit weiterhin erschreckend schnell, dabei brauchen wir sie als grüne Lunge unserer Erde und Speicher für CO2.

Wälder sind sehr vielfältig.

Je nach Klima, Bodenbeschaffenheit und Waldgeschichte sind unterschiedliche Waldtypen entstanden: immergrüne und wechselgrüne Laubwälder in den Tropen und Subtropen, Laubwälder und Laub-Nadelmischwälder in unseren Breiten und die Nadelwälder des nördlichen Waldgürtels (Sibirien, Skandinavien, Kanada) Sie sind die artenreichsten Lebensräume überhaupt.

Von den 1,8 Millionen Tier- und Pflanzenarten auf der Erde leben etwa zwei Drittel im Wald.

Das waldreichste Land ist Russland mit einem Viertel aller Wälder.

Noch vor 20 Jahren bedeckten die Wälder ein Drittel der Landfläche der Erde, heute ist es nur noch ein

Viertel, das sind ungefähr 3,9 Milliarden Hektar.((Reset Digital for Good)

Zwar steigt in Europa die Zahl der Bäume wieder und auf der Nordhalbkugel wandert die Baumgrenze durch den Klimawandel immer weiter nördlich, doch auf der Südhalbkugel verschwinden jährlich 12 bis 15 Millionen Hektar Wald durch Brände oder Abholzung.

Dieser Verlust von Wäldern gefährdet die wirtschaftlichen und ökologischen Grundlagen auf lokaler, regionaler und globaler Ebene.

Wie steht es um den Wald in Deutschland?

Die heutigen Wälder in Deutschland sind das Ergebnis menschlicher Beeinflussung, der typische Laub-und Mischwald wurde schrittweise durch schnell wachsende Monokulturen ersetzt.

Erst in den letzten Jahren werden wieder verstärkt Mischwälder gepflanzt.

Nach meiner persönlichen Meinung ist es nicht zwangsläufig notwendig, in die Natur einzugreifen.

In unserer Region (Nord-Ost-Brandenburg) wachsen hauptsächlich Kiefern, die durch die starke Trockenheit der letzten Jahre flächendeckend absterben.

Aber man kann beobachten,wie von selbst kleine Eichen, der Waldahorn, Ebereschen, Birken und Akazien nachwachsen, natürlich auch vermehrt die Traubenkirsche.Sie gilt unter den Fachleuten als Unkraut des

Waldes, weil sie die kleinen nachwachsenden Bäume erstickt.

Doch sie hält auch den Waldboden feucht und dient den Bienen als Nahrungsquelle.

Die häufigsten Baumarten in Deutschland sind die Nadelbäume Fichte (28 %) und Kiefer (24 %), gefolgt von den Laubbäumen Buche (15 %) und Eiche (10%)

Zwar wurden in den 80er und 90er Jahren durch die konsequente Luftreinhaltungspolitik schädliche Schadstoffe wie Schwefeloxid und Stickstoffoxide drastisch reduziert, doch laut Waldzustandsbericht 2012 sind mehr als 70 % der Bäume weiterhin stark geschädigt. (vor allem Eichen)

Der Wald steht unter Stress, der von verschiedenen Faktoren verursacht wird:

Durch die Klimaveränderungen, die zu Hitze und Trockenheit führen, durch Luftschadstoffe und Überdüngung in Form von Stickstoffbelastungen aus der Landwirtschaft.

Aber auch die sogenannte Waldpflege (Abholzung) durch die Forstwirtschaft oder in privaten Wäldern sollte überarbeitet werden.

Ich selbst konnte schon mehrfach beobachten, wie Waldpflege in der Praxis aussieht. Große Kahlschläge lassen die Sonne ungehindert den Waldboden erhitzen und austrocknen. Die Moose sind vertrocknet, Farne,

Waldmeister, Schattenblume oder Buschwindröschen gibt es nicht mehr, nur noch ausgetrocknete Erde.

Harvester walzen sich durch den Wald und bringen mehr Schaden als Nutzen.

Der Waldboden wird verdichtet und kann keine Feuchtigkeit aufnehmen.

So vertrocknen die Bäume nach und nach und die Waldbrandgefahr steigt.

Alles, was die Forstwirtschaft nicht gewinnbringend verkaufen kann, bleibt im Wald liegen, Äste, Zweige, wertlose Stämme, zerfahrene Sträucher, nachwachsende Bäumchen und nicht zu vergessen die unpassierbaren zerwalzten Waldwege.

Dieser ganze „Waldabfall" türmt sich von Jahr zu Jahr immer höher.

In diesem Jahr wurde die „Waldpflege" bereits zur Brutzeit der Waldvögel durchgeführt.

Auf Nachfrage wurde mir mitgeteilt, dass der Harvester im Winter defekt war und die Forst Sonderrechte hätte. Für mich ist das rücksichtslose Waldzerstörung, denn zum Wald gehören nicht nur die Bäume, sondern auch die anderen Pflanzen, der Erdboden und die Tiere.

Alles zusammen macht erst einen Wald aus.

Was hat der Wald mit dem Klima zu tun?

Sowohl lokal als auch global steht der Wald in enger Wechselwirkung mit dem Klima.

Global tragen die Wälder maßgeblich zur Sauerstofferzeugung und Kohlenstoffspeicherung bei.

Lokal wirkt der Wald ausgleichend auf das Kleinklima seiner Umgebung, nicht umsonst sind Stadtparks beliebte Aufenthaltsorte, insbesondere an heißen Sommertagen.

Wald und Waldböden wirken als Filter, Sauerstoffproduzenten und Wasserspeicher.

Ein Baum produziert seine Biomasse, wie alle grünen Pflanzen, praktisch aus dem „Nichts“, nämlich vor allem aus Kohlendioxid, Wasser und Sonnenenergie und gibt dabei bis zu 4.500 kg Sauerstoff ab, das ist der Jahresbedarf von elf Menschen. (Reset digital for Good)

Gleichzeitig arbeitet der Baum wie eine Klimaanlage.

Die Wurzeln der Eiche saugen jährlich etwa 40.000 Liter Wasser aus dem Boden, das die Blätter wieder ausschwitzen. Die dabei erzeugte Verdunstungskälte sorgt dafür, dass es im Wald selbst an heißen Sommertagen angenehm kühl bleibt.

Außerdem filtert sie im Jahr etwa eine Tonne Staub und Schadstoffe aus der Luft, wirkt also wie ein überdimensionaler Staubsauger.

Bäume haben eine unfassbare Wirkung auf den Menschen und die Umwelt.

Hier die 12 wichtigsten Fakten

- *Bäume produzieren die Luft, die wir atmen. Fünf groß gewachsene Bäume reichen aus, um genug Sauerstoff für ein ganzes Menschenleben zu produzieren.*

- *Der Wald bietet Tieren eine Lebensgrundlage. Einige heimische Tiere können ohne den Schutz und die Nahrungsangebote des Waldes nicht überleben, z.B: Rehe, Füchse, Eichhörnchen und Vögel.*

- *Der Wald ist der Lebensraum vieler Pflanzen. Im Wald wachsen heilsame Sträucher und Kräuter, die schon seit Jahrhunderten als Medizin für den Menschen dienen.*

- *Wälder schenken dem Menschen nützliche Ressourcen. In nachhaltiger Forstwirtschaft werden Wälder nur im Sinn der Nachhaltigkeit abgeholzt. Holz ist kein unendlicher Rohstoff.*

- *Der Wald speichert Kohlenstoff und reguliert das Klima. Durch Verlust von Waldfläche dringt mehr Kohlenstoff in die Atmosphäre. Das wiederum trägt zur Klimaerwärmung und zum Waldsterben bei- ein erschreckender Teufelskreis.*

- *Der Wald schützt uns vor zu viel Sonne und Hitze. Abgesehen davon, dass der Wald das Klima nach unten kühlt, fängt er auch reflektie-*

rendes Sonnenlicht ab. Zu viel Reflexion des Sonnenlichts trägt zur Erwärmung des Klimas bei.

- *Der Wald ist wichtig für reine Luft. Nur ein einziger Baum absorbiert pro Jahr rund 5 kg Feinstaub und reinigt damit die Luft.*

- *Wälder halten das Grundwasser sauber. Bäume filtern auch das Wasser im Boden. Schädliche Gifte und Verunreinigungen werden auf diese Weise aus dem Wasser entfernt.*

- *Der Wald schützt vor Hochwasser. Ein Waldboden funktioniert wie eine Art Schwamm, der das Wasser langsamer fließen lässt. So können ganze Gebiete vor Hochwasser geschützt werden.*

- *Der Wald schützt vor Erosion und weiteren Umweltrisiken. Die starken Wurzeln sorgen dafür, dass die Erde nicht in Massen davon rutscht. Auch gegen Steinschläge und Lawinen verhalten sich Wälder wie ein Schutzschild.*

- *Der Wald entspannt unsere Sinne nachweislich. Schon allein der Anblick grüner Waldfläche wirkt entspannend auf uns Menschen. Zwitschernde Vögel und das Rascheln der Blätter stimuliert Teile unseres Nervensystems, die für Erholung und Regeneration sorgen.*

- ***Der Wald filtert Lärm. Die dichten Baumkronen und das grüne Dickicht absorbieren Schall und Lärm und wir können mehr Ruhe genießen.***

Es ist so einfach, den Klimawandel aufzuhalten, unsere Artenvielfalt zu erhalten und uns Menschen gesund und in Harmonie leben zu lassen.

Erhalten und schützen wir doch einfach unsere Wälder.

Eine Forstbewirtschaftung sollte schonend und nachhaltig sein.

Ein Kahlschlag ist ein Bild der Verwüstung. Die frischen Stöcke, die zurückgelassenen Äste und Kronen, sowie die Spuren der Rückung haben wenig mit dem harmonischen Bild von Wald zu tun.

Hier stellt sich die Frage, ob der Wald in seinen Funktionen gestört wurde.

Es geht also darum, ob ein Eingriff negative Folgewirkungen hat, die das Wachstum der aktuellen und kommenden Baumgeneration erschweren oder gar unmöglich machen.

Dabei gilt es drei Fragen abzuklären.

1. Wurde der Boden bei der Nutzung verdichtet?

2. Sind die Schäden am verbleibenden Bestand so
    groß, dass dieser nun instabil ist?

3. Wurden bei der Nutzung Betriebsstoffe, wie Hy-
    drauliköl und andere chemische Substanzen frei-
    gesetzt, die Boden und Vegetation gefährden?

Achten Sie auf ihren eigenen kleinen Lebensraum und
vor allem schützen sie den Wald vor ihrer Haustür. Sie
können etwas tun, immer.

Beobachten Sie doch einmal die Arbeit eines Harves-
ters.

Kaum eine Minute braucht der Stahlkoloss, um hundert Jahre Baumwachstum zu beenden. Die Bäume
werden mit den Wurzeln aus dem Boden gerissen und
stürzen krachend auf die anderen Bäume nieder.

Nach Auffassung des BUND ist eine Überarbeitung des
Landesforstgesetzes dringend notwendig.

Ein Beispiel:

Der BUND berichtet in einem Artikel vom 21.04.2023,
dass im Lutterwald zahlreiche Buchen gefällt wurden.

Dabei verwüsteten schwere Harvester einen Teil zwischen alten und jungen Stämmen.

Selbst erkennbar ausgehöhlte potentielle Biotopbäume
für Fledermäuse und Spechte wurden gefällt. Das gesamte Luttertal ist zudem Landschaftsschutzgebiet und
laut Biotopkataster NRW besonders schützenswert.

Zudem wird der empfindliche Waldboden durch Harvester verdichtet, das heißt zerstört.

In Waldböden ist durch den wiederkehrenden Laub- und Nadelabfall viel organisches Material verfügbar. Dadurch ist der Waldboden ganzjährig bedeckt.

Das sind günstige Voraussetzungen für die Aktivität von Mikroorganismen und Bodentieren. Wurzeln, die stärker und tiefer in den Boden reichen, ergeben auch eine gelockerte Bodenstruktur.

In einer Hand voll gesunder Waldboden leben mehr Lebewesen, als es auf der Erde gibt, Insekten, Spinnentiere, Regenwürmer, Nematoden, Asseln, Milben und Springschwänze heißt das Leben im Boden.

Der Waldboden ist auch von anderen Lebewesen, wie Pflanzen, Pilzen und Mikroorganismen bevölkert.

In diesem Zusammenhang spricht man von Biodiversität.

Diese Artengemeinschaften weisen ein dichtes Geflecht an Beziehungen auf, da es von Fleisch-und Pflanzenfressern, auch von Aas- und Pflanzenfressern nur so wimmelt.

Waldböden filtern Schadstoffe und bauen sie ab, sie speichern Wasser und CO_2.

Wie lange der Waldboden benötigt, um sich von einer Störung zu erholen hängt davon ab, wie hoch die Biodiversität des Ökosystems ist.

Wenn der Waldboden durch forstwirtschaftliche Maschinen verdichtet wird, werden jene Zwischenräume, in denen Wasser gespeichert wird, maßgeblich verkleinert..

Diese Verdichtung kann allerdings bis zum Unterboden reichen.

Das hat zur Folge, dass sich Naturgefahren erhöhen.

Der Boden kann kein Wasser mehr speichern und die Bäume vertrocknen.

Der Boden wird so stark verdichtet, dass etwa Pilze und Bakterien sich nicht entsprechend entwickeln, um das Baumwachstum zu fördern. (Bundesforschungszentrum für Wald)

Der Wald ist für Viele von uns ein Erholungsort.

Aber er liefert eben auch Rohstoffe für eine gewaltige Industrie.

Ohne Holz keine Möbel, kein Papier, kein Laminat.

Nun soll Holz auch noch den Beton und im Heizkraftwerk die Kohle ersetzen, um die Klimakrise stoppen zu helfen.

Ganz ehrlich, was ist das für ein Schwachsinn.

Das Gegenteil wird der Fall sein.

Laut rbb24 soll auf dem Gelände des ehemaligen Flughafens Berlin-Tegel das größte Holzbauviertel der Welt entstehen. Die Stadt der Zukunft als CO2-Speicher.

Dafür werden Unmengen an Holz benötigt.

Können die Wälder das überhaupt leisten?

Ich sage „NEIN"

Schon jetzt konkurrieren immer mehr Abnehmer um die erneuerbare, aber begrenzte Ressource. Hier geht es einzig und allein um Profit.

Wo bleibt der Naturschutz, Artenschutz, Biodiversität?

Obendrein ist der Wald selbst in Gefahr, durch Trockenheit, Hitze, Umweltverschmutzung und schlechte oder falsche Waldpflege.

Die Bäume sind geschwächt. Durch Kahlschläge ist der Waldboden nicht mehr vor Sonneneinstrahlung geschützt und trocknet aus.

Auch die oft durch Menschen verursachten Waldbrände tragen zur Vernichtung großer Waldflächen bei.

Einige Forscher fordern zur Rettung des Waldes, ihn komplett in Ruhe zu lassen und die wirtschaftliche Nutzung zu reduzieren. (lt.rbb24)

Wie lassen sich wirtschaftliche und ökologische Interessen vereinbaren?

Ist die politisch propagierte Holzbau-Offensive nachhaltig abgesichert, oder wird der Wald bald vollends zur Ware?

Jetzt werden Sie sagen „Wir brauchen doch Holz in unserem täglichen Leben"

Stimmt, aber Möbel und Laminat kann man inzwischen als Holzimitat kaufen.

Unser Kamin wird auch mit Holz beheizt.

Stimmt, aber es gibt so viel Totholz in unseren Wäldern, dass man dort genug findet, um darauf nicht verzichten zu müssen.

Und was ist mit Papier, dass wir täglich in allen Lebensbereichen und Variationen benötigen?

Da gibt es bereits eine hervorragende Alternative, es wird nur nicht darüber berichtet, warum eigentlich nicht?

Hanfpapier ist die nachhaltige Papieralternative zum herkömmlichen Papier aus Holz: ressourcenschonend, hochwertig, haltbar und recycelbar.

Was sind die Vorteile von Hanfpapier gegenüber klassisch produzierten Papieren aus Holz?

Weil Bäume nur langsam wachsen. Hanf ist ein schnell nachwachsender Rohstoff, kann problemlos angebaut und vollständig genutzt werden.

Hanfpapier ist eine nachhaltige Alternative zu herkömmlichem Holzpapier.

Dafür gibt es acht gute Gründe :

- ***Ein Hanffeld erbringt vier bis fünf mal so viel Papier wie ein Wald gleicher Größe.***

- ***Hanf wächst im Jahr auf eine Höhe von bis zu vier Metern.***

- ***Hanf wird dreimal im Jahr geerntet, Bäume nur alle sieben Jahre.***

- ***Hanf produziert mehr Biomasse als jede andere heimische Nutzpflanze.***

- ***Hanfpflanzen sind schädlingsresistent und benötigen beim Anbau wenig Pestizide.***

- ***Hanf beseitigt sein Unkraut selbst, so werden weniger Herbizide eingesetzt.***

- ***Die Hanffaser ist von Natur aus sehr hell und muss nur wenig gebleicht werden.***

- ***Die langen Hanffasern verbessern den Altpapierkreislauf und können besonders oft recycelt werden.***

Es gibt bereits eine Firma, die erfolgreich Hanfpapier herstellt, das „GMUND-Papier"

GMUND setzt mit GMUND-Hanf ein Statement für ökologisches Handeln und ist Gewinner des Deutschen Nachhaltigkeitspreises für die industrielle Produktion von Hanfpapier als Verpackungsalternative.

Zellstoff aus Hanf hat fünfmal längere Fasern, als aus Holz.

Deshalb hat Hanfpapier eine hohe Zug-Reiß-und Nassfestigkeit.

Hanfpapier vergilbt im Gegensatz zu Holzpapier kaum und hat eine wesentlich höhere Haltbarkeit.

Warum wird diese Art der Papierproduktion nicht gefördert, unterstützt und zum Nachmachen angeregt ?

Warum wird diese Sensation tot geschwiegen?

Hat das etwas mit dem Holz-Lobbyismus zu tun ?

Die Ressource Wald ist ein Milliardengeschäft mit einer entsprechend einflussreichen Lobby.

Die Lobby schädigt mit ihrem Ziel, die Holzverbrennung auszuweiten, nachhaltig die Umwelt.

Bürgern wird mit Hilfe von Werbung suggeriert, dass das Heizen mit Holz nachhaltig sei, obwohl es nicht dem Stand der Wissenschaft entspricht.

Der angebliche CO2-Kreislauf ist eines von vielen Beispielen (luft.koeln)

Natur- und Artenschutz hat mit der Wirklichkeit nichts mehr zu tun.

Hier geht es ausschließlich darum, die größten Gewinne aus unseren Wäldern zu ziehen, egal wie. Dem muss endlich ein Ende bereitet werden.

Ich komme noch einmal zurück auf den Beitrag von rbb24, die Entstehung einer Stadt der Zukunft auf dem ehemaligen Gelände des Flughafens Berlin-Tegel.

So will man uns das verkaufen, die Stadt der Zukunft als CO2-Speicher.

Was ist das für ein Wahnsinn, wie viele Wälder werden dafür gerodet?

Wir vernichten unsere natürlichen CO2-Speicher, die Wälder, bauen daraus Holzhäuser die dann ersatzweise CO2 speichern sollen.

Merken Sie, welch völlig absurder Blödsinn das ist?

Es geht nur darum, den höchsten Profit zu erzielen, mehr nicht.

Alles Andere ist diesen Leuten egal.

Auch für umweltschonendes Bauen gibt es bereits Alternativen.

Seit Jahrtausenden wird Lehm als Baustoff für Gebäude weltweit verbaut.

Die Techniken sind vielfältig und wurden mit der menschlichen Entwicklung immer mehr verbessert.

In den westlichen Ländern gab es dann jedoch einen jähen Abbruch durch den Siegeszug zementärer Baustoffe wie Beton, Stahlbeton und Putze.

In den letzten 20 Jahren erlebt der Lehm eine Wiederentdeckung.

Nicht ohne Grund findet Lehm seit Jahrtausenden als Baustoff Verwendung.

Die positiven Eigenschaften eines Lehmhauses sind:

- **ein gutes Raumklima.**

- **Lehm ist durchlässig und diffusionsfähig, das heißt, der Lehm kann.**

- *Feuchtigkeit speichern und bei trockener Luft wieder abgeben.*

- *Zudem kann Lehm Schadstoffe binden.*

- *Lehm ist ein Wärmespeicher, der Wärme halten kann.*

- *Lehm ist allergikerfreundlich.*

- *In Lehmhäusern bildet sich nicht so leicht Staub, so dass der Lehmbau besonders für Hausstauballergiker eine gute Alternative ist.*

- *Lehm ist antibakteriell.*

- *Die Fassaden von Lehmhäusern haben einen antibakteriellen Effekt und wirken abweisend gegenüber vielen Schädlingen.*

- *Lehm ist vollständig recycelbar.*

- *Bauen ohne Schadstoffe.*

- *Beim Lehmbau werden weniger Schadstoffe freigesetzt.*

- *Weniger Bauschutt.*

- *Naturbaustoff lässt sich beispielsweise beim Sanieren ohne viel Bauschutt abreißen.*

- *Kurze Transportwege. Lehm ist ein regionaler Baustoff, dementsprechend sind die Wege von der Produktionsstätte zur Baustelle kurz. (Wohnglück)*

Es gibt bereits Firmen, die Lehmhäuser bauen.

Es gibt auch die Lehmdämmung, Lehmbausteine, Lehmziegel, Lehmbauplatten, Lehmputz und Lehmfarbe. Also ein vielfältiges Angebot und eine gute Alternative für natürliches und ganzheitliches Bauen.

Erneuerbare Energien auf Kosten der Natur?

Als nächstes stellt sich mir die Frage: Werden unsere Wälder Opfer des Klimaschutzes?

Beim Ausbau der erneuerbaren Energien deuten sich neue Konflikte an.

Als Hoffnungsträger für den Klimaschutz gilt derzeit vor allem Solarstrom.

Neue und zum Teil mehrere Hundert Hektar große Solarkraftwerke nehmen nicht nur fruchtbaren Ackerboden in Anspruch. Wie Recherche von Correktiv und RBB zeigen, stehen in Folge fragwürdiger Investmentprojekte auch wichtige Biotope vor der Vernichtung.

In der brandenburgischen Gemeinde Bad Freienwalde wollte ein Investor aus Niedersachsen mehr als 350 Hektar Wald roden lassen.

Geplant war ein 250 Hektar großer Solarpark und zusätzlich ein 120 Hektar umfassender Gewerbe-und Industriepark.

Es sollten sich dort vor allem Betriebe ansiedeln, die einen „sehr hohen Bedarf an Elektroenergie" haben.

Der Investor zielte auf ein Rechenzentrum und die Wasserstoffherstellung.

Dieser Wald ist ein natürlicher Feuchtwald, der drei Jahrzehnte ohne Einwirken des Menschen gedeihen konnte.

Hier sind der Schwarzstorch, Uhu, Seeadler, der Schwarzspecht und viele Fledermausarten heimisch, um nur einige zu nennen.

Martin Krüger, Vorsitzender des Bundes deutscher Forstleute Brandenburg warnte vor gravierenden Folgen für die Umwelt.

„Eigentlich müssten wir die Biotope ausbauen, die den Kohlenstoff binden", *sagt er.* ***„Jetzt roden wir Wälder, um Industrieanlagen zu bauen. In dem Wald dominieren zwar Kiefern, aber die Bestände seien zum Teil sehr alt.***

Zudem diene das Gebiet als Rückzugsort für geschützte Arten wie Uhu und Schwarzstorch.

Ein Verlust des Waldes wäre daher verheerend. Die angrenzenden Bestände würden leiden, das lokale Klima würde sich ändern und man würde die Wanderwege vieler Tierarten zerschneiden."

Die Anwohner bildeten eine Bürgerinitiative und kämpften zwei Jahre um den Erhalt des Waldes.

Meine Familie und ich wohnen in der Nähe dieses urigen Waldstückes und war unmittelbar betroffen.

Aber die Mühe hat sich gelohnt und der Wald bleibt uns erhalten.

Dies ist das beste Beispiel dafür, das auch wir, die Bürger etwas bewirken können.

Auch wenn die Lage völlig aussichtslos erscheint, niemals aufgeben, es lohnt sich.

Doch vielerorts werden die Menschen völlig im Unklaren gelassen und vor vollendete Tatsachen gestellt.

Im Boitzenburger Land wurde eine riesige Solarfläche vor die Haustür der Anwohner gestellt, die erst davon erfuhren, als es bereits zu spät war.

Sie bedeckt jetzt ehemaliges fruchtbares Ackerland. Die betroffenen Dorfbewohner profitieren keinesfalls davon, denn der Strom wird teuer weiter verkauft.

Ich war vor Ort und habe mit den Anwohnern gesprochen.

So sieht die Realität in Deutschland aus.

Wo sollen in Zukunft Getreide, Gemüse und Futtermittel angebaut werden, wenn wir keine Äcker mehr haben?

Soll alles importiert werden?

Der Boden unter den Solarflächen wird bald toter Boden sein und ich weiß nicht, wie viele Jahrzehnte es dauert, bis er wieder fruchtbar ist.

Und wo werden später die Millionen Tonnen Solarmodule entsorgt werden?

„Bevor wir darüber nachdenken, auf Agrarflächen zu gehen, sollten wir das Potential der Dächer ausnutzen und davon sind wir weit entfernt", sagt Carsten Preuß, Vorsitzender des BUND Brandenburg.

„Sonst riskiere die Energiewende, einer nachhaltigeren regionalen Landwirtschaft zuwider zu laufen", so Preuß.

„Wir müssen aufpassen, dass das eine Ziel Klimaschutz nicht zulasten aller anderen Nachhaltigkeitsziele geht".

Es gibt weitere Beispiele: Auf einer renaturierten Abraumhalde in der sächsischen Gemeinde Schleife soll ein Solarpark entstehen, auch dort sind Waldflächen betroffen.

Geplant sind neben den Fotovoltaikanlagen ein Holzkraftwerk, sowie die Produktion von Wärmespeichern und Biolebensmitteln.

Eine Bürgerinitiative vor Ort befürchtet die Rodung von insgesamt knapp 1000 Hektar Wald.

Wie können die Kommunen Derartiges zulassen.

Wie kann man in Zeiten des „Klimawandels" unsere Wälder abholzen?

Das sind unsere natürlichen CO_2-Speicher.

Ich kann nur Jedem raten, sich gegen solche Machenschaften zu wehren, denn wir sind Viele.

Schließen wir uns zusammen und schützen unseren Lebensraum.

Unsere Kinder und Kindeskinder wollen auch auf dieser Erde leben und vor allem gesund alt werden dürfen.

Zu den erneuerbaren Energien gehören natürlich auch die Windkraftanlagen, die bereits vielerorts in den Himmel ragen und uns den Blick in die freie Natur verwehren. Doch das ist längst nicht alles.

Windkraftanlagen sind nicht nur für Vögel und Fledermäuse eine tödliche Gefahr, auch Insekten sterben milliardenfach an den Rotorblättern der Anlagen.

Das hat eine Modellrechnung des deutschen Zentrums für Luft- und Raumfahrt ergeben.

Demnach sterben von April bis Oktober jeden Tag Milliarden der Tiere.

Das macht dann rund 1200 Tonnen tote Insekten, oder in absoluten Zahlen: fünf bis sechs Milliarden Heuschrecken, Bienen, Wespen, Zikaden und Käfer, die an jedem Tag der warmen Saison sterben.

Ein Rückgang der Insektendichte steht außerdem im Zusammenhang mit dem starken Einsatz von Pestiziden und die Ausbreitung der Städte.

Was bedeutet das für uns?

Ob Libellen und Schmetterlinge oder fleißige Bestäuber wie Bienen und Hummeln oder Plagegeister, wie Mücken und Bremsen.

Insekten sind ein essentieller Teil der Natur. Sie erhalten uns unsere Ökosysteme und sie sichern uns unsere Nahrung.

Als Bestäuber von Nutz- und Wildpflanzen erbringen sie enorme Leistungen, die sich auch ökonomisch messen lassen

In Deutschland erreicht der Nutzwert aller Bestäuberinsekten rund vier Milliarden Euro im Jahr.(lt.BUND)

Zudem sind Insekten für hunderte Arten, insbesondere Vögel und Kleintiere, eine unersetzbare Nahrungsgrundlage und haben in ihrem Rang ganz unten in der Nahrungskette eine unschätzbar wichtige Rolle für viele weitere Lebewesen.

Auch als Verwerter von organischem Material auf und im Boden sind Insekten unersetzlich

Die Gesamtmasse der Insekten hat in den vergangenen drei Jahrzehnten um 75 % abgenommen.

Ein großflächiges Insektensterben hat dramatische Auswirkungen auf uns Menschen.

Rund ein Drittel aller Nahrungsmittel in der westlichen Welt geht direkt auf die Bestäubung von Insekten zurück.

Zu den auf bestäubende Insekten angewiesenen Pflanzen zählen Äpfel, Kirschen, Zitrusfrüchte, Feigen, Birnen, Spargel, Bohnen, Kohl, Möhren, Gurken, Auberginen, Salat, Paprika, Kürbis und Tomaten (Lt. BUND)

Und auch die Futterpflanzen unserer Nutztiere sind von der Bestäubungsleistung unserer Insekten abhängig.

Das Überleben der Menschen hängt also vom Überleben der Insekten ab.

Dieses Argument müsste eigentlich schon reichen, alles daran zu setzen, den kleinen Krabbeltieren das Überleben zu ermöglichen.

Blühende Wegränder und bunte Wiesen sind selten geworden.

Getrimmte Rasen und eintönige Pflanzbeete dominieren häufig das Gemeindebild.

Für Insekten sind kurzgeschnittene Rasen ein Graus, kein Unterschlupf, keine Nahrung.

Selten und abschnittsweise gemähte Grünflächen verwandeln ihren Rasen in ein summendes Blütenmeer.

Was können wir tun?

Jeder Einzelne von uns kann einen kleinen Beitrag leisten.

Grünflächen können versetzt gemäht werden.

Wir können in unserem Garten eine kleine Wildblumenwiese anlegen.

Wer keinen Garten hat, sät einfach ein paar Wildblumen in seinen Blumenkästen aus.

In Parks, an Wegrändern oder im Schulhof können Wildblumen ausgesät werden.

Und ganz wichtig: Weg mit den Pestiziden.

In einer Stadt, in der keine Pestizide versprüht werden, lebt es sich zudem deutlich gesünder.

Es gibt sogar Förderprogramme für den Insektenschutz in Kommunen, zumindest bei uns in Brandenburg. Informieren Sie sich.

„Die Windenergie sei eine nahezu unerschöpfliche Energiequelle, deren Potential heutzutage erst in Bruchstücken ausgeschöpft wäre"- so die Befürworter der Energiewende.

Weiterhin wird sogar behauptet, das bei dieser Technik kein CO2 anfallen würde.

Dabei wird, wie so oft nur berücksichtigt, bzw. medienwirksam dargestellt, was „hinten rauskommt", aber nicht, was dafür aufgewendet werden muss.

Dies betrifft im Wesentlichen folgende Bereiche:

Da wäre die Umweltbelastung.(kla-TV)

Der Begriff Umweltpolitik wurde um das Jahr 1970 gebildet und bezeichnet die Gesamtheit der politischen Bestrebungen, um die natürlichen Lebensgrundlagen des Menschen sowie der Natur zu erhalten.

Die Windanlagen werden angeblich nicht zuletzt auch zum Schutz der Umwelt errichtet.

Zuerst werden große Schneisen von der Forst frei geschlagen und es entstehen mehr Ränder. Bäume, die an solchen Plätzen stehen, sterben, weil sie viel stärker dem Wind und der Trockenheit ausgesetzt sind, was dazu führt, das sich solche Schneisen weiter ausbreiten. Zwar werden Teile nach dem Bau der Windräder wieder aufgeforstet, aber bis die Natur einen gesunden, mit Humus durchwachsenen Waldboden wieder herstellt, braucht es Jahrzehnte.

Nehmen wir jetzt mal den Ressourcenverbrauch unter die Lupe.

Für den Aufbau eines Windrades sind nicht nur der Mast und der Rotor notwendig, sondern ein ausgebautes Wegenetz zum Transport der Teile des Windrades.

Damit das Ganze auch stehen bleibt, braucht es zudem ein stabiles Fundament.

Was dafür benötigt wird, sehen wir am Windparkobjekt Altendorfer Wald.

Hier sollen 39 Windräder mit einer Höhe von 285 m errichtet werden.

Diese Objekte sind mehr als fünf mal so hoch wie ein durchschnittlicher Kirchturm.

Dafür benötigt es ein Fundament mit einer Größe von 1500 Quadratmetern.

Im Fall des Altendorfer Waldes werden bei 39 Windrädern insgesamt 58.500 Kubikmeter Beton benötigt.Um diesen Beton liefern zu können, müssen fahrbare Betonmischer für 7,5 Kubikmeter, ganze 15.600 Fahrten machen.(kla.tv)

*Darüber hinaus werden über 45.000 Fahrten von Kies-
lastern benötigt,die den Kies für den Ausbau der Weg-
strecke von 27 km anfahren.*

Und jetzt zu den Veränderungen in Flora und Fauna.

*Auf die Vernichtung von Milliarden von Insekten bin
ich bereits näher eingegangen.*

*Außerdem fallen den Windrädern jährlich tausende von
Fledermäusen und Vögeln zum Opfer.*

*Nach Hochrechnungen sollen es allein in Deutschland
mehr als 200.000 Fledermäuse im Jahr sein, weshalb
einige Fledermausarten schon in ihrem Bestand bedroht sind.*

*Die Gefahr für die Tiere liegt nicht nur darin, dass sie
gegen die Rotorblätter fliegen.*

*Der Druckabfall hinter den Rotorblättern bringt die
Lungen und inneren Organe der Tiere zum Platzen.*

*Nicht nur für die Tierbestände ist das bedrohlich, auch
im Landschaftsbild zeigen sich Bedrohungen.*

*An manchen Stellen werden Bäume an Hanglagen ab-
geholzt, was danach die Gefahr von Bodenerosion und
Erdrutschen erhöht.*

Ein Wort zu den Altlasten.

*Windkraftanlagen sind derzeit für eine Laufzeit von 20
Jahren ausgelegt.*

*Danach müsste die gesamte Anlage abgebaut und ent-
sorgt werden, wobei es mehr als fraglich ist, ob die Be-*

tonfundamente in jedem Fall wirklich abgebaut werden.

Für die Flügel gibt es auf Grund der enthaltenen Gifte und Verbundstoffe immer noch kein Konzept für die Verwertung, wie dieser Problemabfall entsorgt werden muss.

Allein durch die Rotorblätter entstehen jährlich 20.000 Tonnen Abfall, Tendenz steigend.

Die derzeitige Politik ist inzwischen bei der Zerstörung der Umwelt angelangt.

Während Bauvorhaben wegen der Anwesenheit von Käfern gestoppt werden, wurde für Windkraftanlagen sogar das Naturschutzgesetz dahingehend geändert, dass viele Vogelarten wie z.B. Störche, nicht mehr zu den durch Windkraft gefährdeten Arten zählen.

Dabei wurde laut einem vom Naturschutzbund (NABU) beauftragten Rechtsgutachten sogar gegen geltendes EU-Recht beim Artenschutz verstoßen.

Und wie ist es möglich, Windkrafträder in Größenordnungen zu errichten ohne zu wissen, wie diese wieder entsorgt werden können.

Die ideologischen Ziele werden mittlerweile mehr beachtet als der Umweltschutz.

Schauen wir uns einmal die Klimatischen Veränderungen an.

Deutschland allein hat derzeit 32.000 Windräder in Betrieb.

Das führte in den letzten 20 Jahren zu einer Verringerung der mittleren Windgeschwindigkeit von 13 %, wie die Universität Osnabrück ermittelt hat.

Das bleibt nicht ohne Folgen.

In den USA wird 2,5 mal so viel Windenergie wie in Deutschland erzeugt.

Durch diese gravierenden Eingriffe können die Luftströmungen vom Äquator weg zum Nordpol dramatisch verringert werden, was eine Absenkung des Jetstreams (Luftstrom) in südlichen Breitengraden zur Folge hätte.

Danach wäre eine Ausdünnung der Luftschichten über dem Nordpol möglich, woraus eine geringere Reflexion und damit Erwärmung der Region resultieren würde.

Außerdem ist erwiesen, dass Windparks faktisch zu einer Austrocknung der Böden führen, auf denen sie errichtet werden.

Im schlimmsten Fall kann es zu Dürren und Bodenerosion führen, die sich auch auf die weitere Peripherie ausdehnen.

Gerade die Austrocknung der Böden wird uns da plakativ und mit apokalyptischen Bildern als Folge des Klimawandels vorgeführt.

Aktuelle Studien zeigen jedoch, dass gerade die Windkraftanlagen zur Trockenheit führen können.

Auch können Windkrafträder zu vielseitigen gesundheitlichen Schäden, wie Konzentrationsstörungen, Nervosität, Kopfschmerzen und Schlafstörungen führen.

Die Gefahren drohen vor allem durch Infraschall und Schlagschatten.

Infraschall ist Schall, dessen Frequenz unterhalb des menschlichen Hörbereiches liegt, also unterhalb von 16 Hz.

Manche Menschen, die in der Nähe von Windrädern leben, berichten von Symptomen wie Müdigkeit, Depression oder auch Seekrankheit.

Die Impulse, die hier auftreten, merkt man auch körperlich. Das ist vergleichbar mit einem Besucher, der bei einem Rockkonzert vor den Bassboxen steht und den Schall körperlich wahrnehmen kann. Die Pulse, die ein Windrad erzeugt, sind jedoch viel massiver.

Wenn solch eine Anlage nachweislich zu gesundheitlichen Problemen in der Bevölkerung führt, müsste die Anlage abgeschaltet werden, egal ob eine vorgegebene Stundenanzahl für die Belastung erreicht ist, oder nicht.

Ich frage mich, weshalb diese Anlagen überhaupt genehmigt werden.

Im Winter besteht aber auch die Gefahr durch Eis.

Bei ungünstigen Wetterbedingungen kann es zur Eisbildung an den Rotorblättern kommen. Dann besteht sogar Lebensgefahr. Durch die Rotorflügel können Eisbrocken über weite Strecken weggeschleudert werden.

Die tatsächliche Leistung von Windkraftanlagen.

Die Auslastung ihrer Windparks hüten die Betreiber wie ein Staatsgeheimnis.

Die Neue Züricher Zeitung hat 18.000 Windräder in Deutschland untersucht mit ernüchternden Ergebnissen.

Dabei konnte rund ein Viertel der untersuchten Anlagen nicht einmal einen Kapazitätsfaktor von 20 % vorweisen.

Lediglich 15 % der Anlagen hatten eine geschätzte Auslastung von 30 %.

Diese stehen fast alle in Küstennähe.

Trotzdem bekommen die Windkraftanlagenbetreiber 7,35 ct/kwh an garantierter Einspeisevergütung, die Solaranlagenbetreiber sogar 11-13 ct/kwh. Immer häufiger müssen auch bei überschießender Windproduktion Anlagen sogar abgestellt werden, damit nicht zu viel Strom im System landet.

Aber auch bei Stillstand fließt das Geld, als ob die Betreiber den Strom produziert hätten. Das kostete den Verbraucher im Jahr 2022 rund 1 Milliarde Euro, ohne das sie dafür eine Gegenleistung erhalten hätten.

In Norddeutschland befinden sich die meisten Windparks.

Um nun den Strom an die Industriestandorte in Bayern oder Baden-Württemberg zu bringen, muss auch das Stromnetz ausgebaut werden.

Für den notwendigen Ausbau der Hochspannungsleitungen sind Kosten von 300 Milliarden bis 2045 vorgesehen und für die Verteilernetze in Städten und Gemeinden weitere 150 Milliarden Euro.

Im Klartext heißt das, die Windparks sind nicht effizient für einen Wirtschaftsstandort wie Deutschland.Ohne Subventionen der ideologisch getriebenen Politik würde kaum ein Investor in diese Technik investieren, da sich solche Anlagen unter Konkurrenzbedingungen nicht auf dem Markt behaupten können.

Der produzierte Strom wird durch diese Rahmenbedingungen für den Verbraucher mehr und mehr unerschwinglich.

Privatpersonen verlieren ihren Lebensstandard und Betriebe werden zunehmend ins Ausland abwandern.

Soll das unsere Zukunft und die unserer Kinder sein?

Sie werden fragen: „Und was ist mit den Solarparks?"

Die dunklen Oberflächen der Solarmodule absorbieren den größten Teil des Sonnenlichts, wandeln jedoch nur einen Bruchteil davon in Strom um - im Durchschnitt rund 15 %. Die restliche Energie wird in Form von Wärme an die Umwelt abgegeben.

Da die Paneele in der Regel deutlich dunkler sind, als der Boden in der Umgebung, bleibt zusätzliche Energie in der Atmosphäre.

In diesem Zusammenhang nutzen Experten bisweilen den Begriff Albedo-Effekt.

Albedo ist ein Maß dafür, wie gut Oberflächen das Sonnenlicht reflektieren.

Die Frage ist nun, ab wann dieser Albedo-Effekt tatsächlich einen Einfluss auf das Klima haben kann.

Ein zunehmendes, noch nicht ausreichend untersuchtes Problem ist die Frage, ob PV-Installationen einen Wärmeinseleffekt verursachen, der die umliegenden Gebiete erwärmt und dadurch möglicherweise den Lebensraum von Wildtieren, die Funktion von Ökosystemen in der freien Natur, sowie die menschliche Gesundheit und sogar den Wert von Häusern in Wohngebieten beeinflusst.

Der Naturwissenschaftler und Umweltschützer Prof. Dr. Klaus-Dieter Döhler schreibt dazu: "Wer versucht, die Erderwärmung mit dem Bau von Solar- und Windkraftanlagen aufzuhalten, der wird auch versuchen, Feuer mit Benzin zu löschen".

Weiter schreibt er: "es gibt Einwirkungen auf Wetter und Klima, für die ganz allein der Mensch verantwortlich ist. Es geht dabei nicht um CO2.

Mit der Behauptung, dass durch die Verbrennung fossiler Energieträger emittierte CO2 sei Schuld an der Erderwärmung.

Dabei handelt es sich vermutlich um das effektivste Ablenkungsmanöver seit den mittelalterlichen Hexenverbrennungen und dem teuersten Ablenkungsmanöver in der gesamten Menschheitsgeschichte.

Die unbewiesene und seit über 100 Jahren mehrfach widerlegte Behauptung, CO2 aus fossilen Energieträgern sei für die Erderwärmung verantwortlich, dient einzig dem Zweck,die Menschheit auf eine falsche Fährte zu locken.

Selbst Einstein und andere Physikergrößen haben diesem behaupteten Erwärmungseffekt keine Bedeutung beigemessen.

CO2 ist nicht das Problem, sondern die Eigner der dafür geschaffenen Kassen.

-CO2 ist ein Billionengeschäft und sorgt dafür, dass die echten Bedrohungen ungeachtet bleiben".

Mehr als 1000 Spezialisten und Wissenschaftler widersprachen dem IPCC-Klimabericht, der von rund 1500 wissenschaftlichen Autoren geschrieben wurde und alle nicht konformen Beiträge von hunderten teilnehmenden Wissenschaftlern daraus kommentarlos gestrichen sind, obwohl die Autoren dennoch aufgeführt sind.

(Quelle: Konstantin Meyl, seit 1986 Professor für Energietechnik an der Hochschule Furtwangen u.v.a.)

Tausende Wissenschaftler, Meteorologen und andere Fachkräfte widersprachen öffentlich der Meinung eines menschengemachten Klimawandels.

- **CO2 ist schwerer als Luft.**

- **CO2 wärmt nicht, es kühlt.**

- **Gegenwärtig ist die Erde mit dem niedrigsten CO2-Gehalt seit Menschengedenken in ihrer Umlaufbahn unterwegs.**

- **Erst 2020 wurde der behauptete Wärmeeffekt durch CO2 Infrarot-Absorption und Rückstrahlung erneut experimentell widerlegt.**

Nach Errichtung einer Solaranlage über einer Grünfläche wird das eintreffende Sonnenlicht an der Solarfläche absorbiert.

Etwa 10-30 % des absorbierten Sonnenlichts werden in elektrischen Strom oder Nutzwärme umgewandelt. Die restlichen 70-90 % der absorbierten Sonnenenergie werden in Wärme umgewandelt und an die umgebende Luft abgegeben.

Damit sind Sonnenkollektoren primär „solare Heizkörper", die den Temperaturanstieg in der Atmosphäre fördern.(so Prof. Dr. Döhler)

Solaranlagen verändern die Verarbeitung des eingestrahlten Sonnenlichts.

Das hat Rückwirkungen, die mit dem Argument des Klimaschutzes in krassem Widerspruch stehen.

Die technische Nutzung der Sonnenenergie wird zu einem relativ geringen Teil als menschlich genutzte Energie verwendet und zu einem wesentlich größeren Teil von Wärmeabgabe an die Umgebung.

Der Atmosphäre wird nun thermische Energie zugeführt. Gleichzeitig wird dem Bodenbereich Energie vorenthalten.

Das Bodenleben, die Nahrungskette und der natürliche Verdunstungsprozess werden geschwächt, die Temperatur der Atmosphäre steigt.

Das dient weder dem Klimaschutz, noch der Artenvielfalt, im Gegenteil.

Erderwärmend wirkt auch ein weiterer Effekt: Solaranlagen weisen gegenüber der unbelasteten Naturlandschaft eine deutlich höhere Absorptionsrate auf.

Das bedeutet, dass insgesamt auch ein höherer Teil des Sonnenlichts im bodennahen Bereich absorbiert und ein geringerer Teil reflektiert wird.

Das spielt insbesondere im Winter im Vergleich zu einer Schneedecke eine große Rolle.

Daraus ergibt sich eine störende Rückwirkung auf den natürlichen Ablauf der Jahreszeiten.

Trotz der stärkeren Erwärmung der Umgebungsluft am Tage wird in langen Winternächten ein starkes Auskühlen des Bodens ermöglicht und die Stressbelastung des im Boden überwinterten Lebens wird erhöht.

Solaranlagen werden gerne als „sauber" oder emissionsfrei bezeichnet.

Dabei wird aber vernachlässigt, dass diese sehr wohl zu Emissionen führen.

Die Emissionen der Solaranlagen sind die Wärmeabgabe an die umgebende Atmosphäre und Schattenwurf auf die Vegetation im Bodenbereich.

Tatsächlich führt die relativ starke Erwärmung der technischen Oberfläche - das Gleiche gilt unter anderem auch für Verkehrsflächen - zu einer ganzjährigen Wärmeabgabe an die Luft, die die gesamte Umgebung mit einbezieht.

Im Gegensatz zur Verdunstung durch Pflanzen im natürlichen Ausgangszustand kommt es zu einer rein thermischen Belastung, da die technische Fläche der Solaranlage selbst nicht zur Verdunstung beiträgt.

Die technische Nutzung der Solarenergie trägt damit selbst zur Erwärmung und Trocknung der Atmosphäre bei.

Da im Klimaschutz behauptet wird, dass die Erwärmung der Atmosphäre ein Problem darstellt, ist es widersprüchlich, gleichzeitig auch zu behaupten, dass die Errichtung und Förderung von Solaranlagen das Klima schützen, so Prof. Dr. Döhler.

Solaranlagen führen damit zu genau jenem Effekt, die fälschlicherweise den CO_2-Emissionen beziehungswei-

se Treibhausgasen zugewiesen wird: der erhöhten Absorption mit Abgabe von Wärme an die Umgebung.

Ein Beispiel: In Daggett (Kalifornien) entstand 1981 der erste Solarpark in den USA.

Dort, wo einst Solarmodule standen, weht heute Sand, weil der Boden ohne Pflanzen ist, die den Boden festhalten könnten.

Der Boden ist tot. Und genau das wird in Deutschland auch passieren.

Wir töten unsere Böden und verwandeln unsere ehemals fruchtbaren Äcker, Wiesen und Wälder in Sandwüsten.

Ein neuer Konflikt bahnt sich mittlerweile an, hauptsächlich im Osten Deutschlands.

Es entstehen Megaparks für Solarzellen auf Ackerflächen.

Kommunen sind überfordert, die Bundesregierung ignoriert einen schwelenden Streit um Boden, in der Bevölkerung wächst Wut, so Correktiv.

Kommunen in Brandenburg berichten von einem regelrechten RUN auf die Äcker, mitunter geht es um Anlagen auf bis zu 300 Hektar

Es gibt keinen Plan für eine nachhaltige Solar-Wirtschaft, kaum Leitplanken, stattdessen regiert der Markt. Und der drängt in fruchtbares Ackerland (Correktiv)

Es ist hinreichend bekannt, dass besonders Brandenburg von der Hitze und Trockenheit der letzten Jahre besonders stark betroffen ist.

Seen verschwinden, Bäche trocknen aus und auch der Grundwasserspiegel geht zurück.

Und jetzt gibt es ein regelrechtes Gerangel um die größten Ackerflächen.

Diese Ackerflächen werden in einigen Jahren eine Wüste sein.

Dessen muss sich endlich jeder von uns bewusst werden.

Hitze, Trockenheit, Wassermangel und totes Land.

Ich wiederhole mich, weil es Jeder begreifen muss:

Das hinterlassen wir unseren Kindern.

Doch ohne Strom geht es auch nicht.

Gibt es Alternativen ?

Es gibt sie und ich finde folgendes Beispiel sehr interessant und vielversprechend:

Dual-Fluid

Haben Sie schon einmal etwas von Dual Fluid gehört?

Dual Fluid stellt emissionsfreie Energie zu niedrigsten Kosten bereit.

Aus Atommüll wird Strom für Generationen.

Dual Fluid legt einen innovativen Kernreaktor vor, der die weltweiten Kernbrennstoff-Ressourcen wesentlich besser nutzen kann, als andere Reaktortypen.

Er kann wesentlich dazu beitragen, dass Atommüll aus heutigen und künftigen Reaktoren nachhaltig genutzt wird.

Nach abgeschlossener Entwicklung wird Dual Fluid eine nachhaltige, wirtschaftliche und sichere Energiequelle für die nächsten Jahrhunderte bieten.

Dual Fluid nutzt statt Brennstäben zwei zirkulierende Flüssigkeiten.

Eine trägt den Brennstoff und die andere führt die Wärme ab.

So kann der Kernbrennstoff bei 1.000 Grad Celsius seine ganze Kraft entfalten.

Dadurch erreicht man eine völlig neue Dimension in Leistung und Wirtschaftlichkeit.

Die heutige Kernkraft nutzt Brennstäbe, eine Hilfskonstruktion aus den Anfängen der Kerntechnik.

So wird nur ein sehr kleiner Teil des Urans genutzt, während der weit überwiegende Teil entsorgt werden muss.

Dank der durchdachten Einbindung von Naturgesetzen ist ein Dual-Fluid-Kraftwerk jederzeit sicher und geschützt.

Die Anlage reguliert sich vollständig selbst. Wenn sich die Brennstoffflüssigkeit erhitzt, dehnt sie sich aus.

In der Folge nimmt die atomare Reaktivität automatisch ab und die Temperatur sinkt wieder.- ganz von selbst.

Der Reaktor kann sich deshalb niemals überhitzen

Für zusätzlichen Schutz sorgen integrierte Schmelzstopfen in den Leitungen: Wenn die vorgesehene Temperatur doch überschritten wird, lösen sie sich auf. Dann läuft der Brennstoff nach unten in sichere Behälter ab und die Kettenreaktion stoppt sofort.

So werden nicht nur der Stromsektor, sondern alle Lebensbereiche von Emissionen befreit.

Eine vorläufige Sicherheitsanalyse der Technischen Universitäten München und Dresden hat die vorteilhaften Sicherheitseigenschaften dieser Technologie bestätigt.

Die Partner im Nationalen Kernforschungszentrum Polen haben die Reaktorphysik und Thermohydraulik untersucht.

Zusammen mit dem Kanadischen Partner TRIUMF, dem nationalen Teilchenbeschleunigungszentrum, werden Bestrahlungstests durchgeführt.

Die Berechnungen deuten darauf hin, dass diese Technologie genau so funktioniert, wie es vorgesehen ist.
(https://dual-fluid.com/de/)

Ich persönlich finde, dass man dieser Form von Energiegewinnung mehr Beachtung schenken sollte.

Wasserstoff *(Telepolis)*

Derzeit wird die Wasserstoffproduktion als der Retter aus der Klimakrise dargestellt.

Grüner Wasserstoff ist beim Heizen die Hoffnung, als Ersatz für Erdgas.

Woher er kommen soll, ist nicht klar.

Ein Pilotprojekt nach dem anderen wird aufgegeben.

Die Idee, mit grünem Wasserstoff zu heizen ist verlockend, vor allem wenn man bedenkt, dass nur Wärme und Wasser übrig bleiben und kein unerwünschtes CO_2.

Obwohl der Einsatz von Grünem Wasserstoff auf den ersten Blick wie die umweltfreundliche Lösung für das Heizen der Zukunft aussieht, knirscht es bei der geplanten Umsetzung

Mit dem Ende von Westküste 100 (einem Pionierprojekt), wurde eines der vielversprechendsten deutschen Pilotprojekte in diesem Bereich noch vor dem Start gestoppt.

Das ist kein typisch deutsches Problem, auch auf den britischen Inseln musste ein Pilotprojekt wegen zu hoher Kosten eingestellt werden.

Das Heizen mit Wasserstoff gilt als weniger effizient und teurer als andere Arten der Wärmeversorgung.

Im Vergleich zu einer Wärmepumpe wird fünf- bis sechsmal mehr Ökostrom benötigt.

Die Nutzung von Wasserstoff würde die Kosten für Haushalte im Vergleich zur Elektrifizierung um zirka 86 % erhöhen.(Studie der University of Oxford)

Daher setzt die deutsche Politik nun auf den Ausbau der Wasserstoffproduktion im Ausland.

Mit Kanada wurde ein Wasserstoffabkommen geschlossen, doch die Umsetzung des Planes wurde offensichtlich zu optimistisch eingeschätzt.

Auch bei der Hoffnung auf grünen Wasserstoff aus Spanien hat man wohl übersehen, dass es an Wassernachschub mangelt.

Man bedenke, für 1 kg Wasserstoff werden mindestens 9 Liter Wasser benötigt.

Und vor allem in sonnenreichen Teilen der Erde, die sich gut als Lieferant für grünen Wasserstoff eignen würden, spielt die Wasserversorgung eine große Rolle.

Wasserstoff ist kein Primärenergieträger, sondern muss unter erheblichem Energieeinsatz durch Elektrolyse von reinem Wasser hergestellt werden.

Ich frage mich deshalb, wo soll das ganze Wasser herkommen, dass für die Herstellung von Wasserstoff benötigt wird, wenn schon jetzt in vielen Ländern Wassermangel herrscht?

Karsten Smid von Greenpeace meint, dass zukünftig genau abgewogen werden müsse,wo die Produktion in

Deutschland Sinn ergibt, denn infolge der Klimakrise werde deutlich, dass sich der Wasserhaushalt extrem verändere.

Gerade in Brandenburg und Sachsen gibt es extreme Dürrejahre.

Ich persönlich frage mich, ob die Produktion von Wasserstoff überhaupt Sinn macht wenn man davon ausgeht, dass schon die Versorgung der Weltbevölkerung mit Trinkwasser in den nächsten Jahren immer schwieriger wird, der Aufwand an Energie für die Herstellung von Wasserstoff enorm ist und für den Endverbraucher unbezahlbar wird.

Ich frage mich auch, warum man all diesen - zukunftslosen Projekten hinterherrennt, die Unmengen von Steuergeldern und Zeit verschleudern und stattdessen auf sinnvolle, saubere und vor allem realistische und umsetzbare Technologien setzt, die auch für den Endverbraucher erschwinglich sind.

Elektrosmog - Die unsichtbare Gefahr für unsere Gesundheit

Elektromagnetische Strahlung von Handys, Sendemasten, elektrischen Geräten und der neuen drahtlosen Technologie beeinträchtigt unsere Gesundheit, indem hormonelle und andere körperliche Vorgänge gestört werden, und zwar manchmal so stark, dass eine Krebserkrankung ausgelöst werden kann.

Es hat sich herausgestellt, dass Elektrosmog Hormonstörungen verursacht.

Stromleitungen, Sendemasten, Kabel und Apparate erzeugen elektrische und magnetische Felder, die jedes mit Strom betriebene Gerät umgeben.

Das hat zur Folge, dass wir heute in einem dichten elektromagnetischen Nebel leben, den man elektromagnetische Strahlung nennt. (EMR) und der etwa 100 bis 200 Millionen mal intensiver ist, als noch vor 100 Jahren.

Das Problem hat sich durch die explosionsartige Vermehrung der drahtlosen Technologie, wie etwa bei Handys, Bluetooth, Wireless, (WiFi), sowie durch Sendemasten noch verschärft, die notwendig sind, um die betreffenden Mikrowellen zu verbreiten.

Diese drahtlose Welt strahlt ein besonderes Spektrum elektromagnetischer Strahlung aus, das Organismen auf eine ganz eigene Art schädigt.

Innerhalb von nur 25 Jahren wurde die Mehrheit der Menschheit riesigen Mengen von elektromagnetischer Strahlung ausgesetzt.

Das Gleichgewicht unserer Körperfunktionen wurde durch die nie dagewesenen Mengen von EMR vollkommen durcheinander gebracht, sodass unser Körper ernsthaft in Gefahr ist, nicht mehr vernünftig zu funktionieren.

Eine ständig steigende Anzahl wissenschaftlicher Studien belegt, dass die größte Bedrohung unserer Gesundheit (und der aller Lebensformen) gegenwärtig von der schleichenden, allgegenwärtigen und unsichtbaren Verschmutzung unserer Umwelt ausgeht, die man Elektrosmog nennt.

Viele Gesundheitsprobleme werden mit EMR in Verbindung gebracht, einschließlich einiger Krebsarten, (vor allem Tumoren im Gehirn, im Auge oder Ohr sowie Leukämie)

Fehlgeburten, Missbildungen, chronische Müdigkeit, Kopfschmerzen, Stress, Schwindel, Herzprobleme, Autismus, Lernstörungen, Schlaflosigkeit und Alzheimer.

Der Arzt, Forscher und Experte für elektromagnetische Strahlung Dr. Robert Becker (der bereits zweimal für den Nobelpreis nominiert war) hat sich äußerst besorgt über Elektrosmog geäußert:

> ***„Ich habe keinen Zweifel daran, dass der größte weltweite Umweltverschmutzungsfaktor im Augenblick die Ausbreitung elektromagnetischer Felder ist. Ich halte das für weitaus bedenklicher, als die Globale Erwärmung und die Vermehrung von Chemikalien in der Umwelt".***

Wenn ein Körper ständig elektromagnetischer Strahlung ausgesetzt ist, können diese Zellkommunikationswege stark gestört oder unterbrochen werden, was zu abnormem Stoffwechsel und letztlich zu Krankheiten führt.

Der biologische Stress beeinträchtigt die physiologischen Abläufe und die interzelluläre Kommunikation in erheblichem Maße.

Die Arbeit der Zellen verschlechtert sich, die Zellmembran verhärtet, die Nährstoffe gelangen nicht mehr hinein und die Giftstoffe nicht mehr hinaus.

Der Zusammenbruch der gesunden Zellabläufe führt zum biologischen Chaos in unserem Körper.

Hunderte von Studien belegen die schädlichen Auswirkungen elektromagnetischer Strahlung auf das Immunsystem, die Enzymsynthese, das Nervensystem, die Lernfähigkeit sowie auf Stimmungen und Verhaltensmuster.

Alle Aspekte des Lebens auf molekularer, zellulärer, biologischer und physiologischer Ebene können durch die Einwirkung von Elektrosmog beeinträchtigt werden.

Selbst geringfügige Schwankungen im hormonellen Bereich können zu schwerwiegenden physiologischen Veränderungen führen.

Da die Hormone alle Abläufe des Lebens regulieren, ist es für die Gesundheit unumgänglich, sie im Gleichgewicht zu halten.

Wenn das empfindliche hormonelle Gleichgewicht und die Hormonzyklen verändert werden, gerät die Fähig-

keit des Körpers, die zentralen Systeme des Körpers zu steuern, vollkommen aus den Fugen.

Unser moderner Lebensstil bedroht die optimale Funktion der Hormonausschüttung auf vielfältige Weise.

Stress, Schlafmangel, Giftstoffe, schlechtes Essen und Medikamente sind alles bekannte Störfaktoren, die die hormonellen Abläufe beeinträchtigen.

Es gibt jedoch einen Faktor, der bisher in keinster Weise beachtet wurde und das ist die elektromagnetische Strahlung.

Die Beeinträchtigung unseres hormonellen Gleichgewichts ist womöglich eine der bedenklichsten Auswirkungen von Elektrosmog.

In unserem Gehirn befindet sich eine lichtempfindliche endokrine Drüse oder Epiphyse, die etwa erbsengroß ist.

In vergangenen Zeiten galt sie als mystisches all sehendes drittes Auge

Während man sie früher für überflüssig hielt, ist inzwischen klar, dass die Zirbeldrüse, die tatsächlich lichtempfindlich wie ein drittes Auge ist, eine der wichtigsten Drüsen unseres Körpers.

Da die Zirbeldrüse auf Signale von den Sehnerven reagiert, kann starke Lichteinwirkung auf die Augen während der Nacht die verstärkte nächtliche Melatoninproduktion hemmen und so die durchschnittlich gebildete Tagesmenge reduzieren.

Viele physiologischen Prozesse können von Melatonin entweder kontrolliert oder beeinflusst werden.

Es steuert unseren Tagesrhythmus und unsere Schlaf- und Wachzeiten.

Außerdem zerstört es freie Radikale besonders effizient und stellt dabei sicher, dass die DNS-Synthese und die Zellteilung korrekt ablaufen

Melatonin hemmt nicht nur die Ausschüttung von Östrogen, sondern stoppt auch unmittelbar die Entwicklung von Brustkrebs.

Es ist sogar imstande, das Immunsystem zu stärken und durch Stress verursachte Immunschwäche abzubauen.

Melatonin verstärkt zudem die Fähigkeit von Vitamin D, Tumore zu bekämpfen und ihr Wachstum zu stoppen.

Deshalb ist es überaus wichtig, dass der Körper täglich seine angemessenen Mengen von Melatonin produziert.

Leider kann das Schlafen in einem Raum mit all unseren geliebten Geräten - drahtloses Telefon, Handy, Digitaluhr, CD-Player, Radio, Computer und Fernsehgerät unsere nächtliche Produktion von Melatonin stark hemmen.

Man nimmt an, dass elektromagnetische Strahlung auf eben diesem Weg ihre schädlichen Nebenwirkungen entfaltet.

Wir wissen, dass eine spezielle, sehr gefährliche Form der elektromagnetischen Strahlung, die Hirn- und Kör-

perfunktionen beeinträchtigt, das Signal ist, das von der innen liegenden Antenne des Handys im sogenannten Nahfeld ausgesendet wird.

Die Strahlung dringt von der Antenne aus in einem Bereich von etwa 15-18 cm in alle Richtungen nach außen.

Sie entsteht durch den Energiestoß, der notwendig ist, um ein Funksignal zu einer Station zu senden, die vielleicht viele Kilometer weit entfernt liegt.

Immer, wenn das Gerät eingeschaltet ist, um Nachrichten zu senden oder zu empfangen, sind wir der gefährlichen Strahlung im Nahfeld ausgesetzt, egal, ob wir es ans Ohr halten, am Gürtel oder in der Tasche tragen.

Neueste Forschungen zeigen, dass die Dichte der Hintergrundstrahlung der vielen elektrischen Geräte sowie der neuen drahtlosen Hotspots der im Nahfeld einer hochfrequenten Trägerwelle entspricht.

Das bedeutet, dass wir nun nicht mehr nur in unmittelbarer Nähe eines Mobiltelefons der Strahlung ausgesetzt sind, sondern in unserer gesamten täglichen Umwelt.

Obwohl die Hersteller von Handys und einige Regierungsvertreter der

Öffentlichkeit immer wieder versichern, dass diese Geräte sicher sind, haben jüngste Forschungen ergeben, dass bestimmte ernsthafte Gesundheitsprobleme durch den Einfluss der Nahfeldstrahlung entstehen.

Mobiltelefone sind alles andere als sicher und harmlos.

Einige der Gesundheitsprobleme, die durch diese Geräte ausgelöst werden können, sind Schädigungen der Blut-Hirn-Schranke, genetische Schäden, Zusammenbruch der Zellkommunikation und ein erhöhtes Krebsrisiko.

Die Blut-Hirn-Schranke ist ein spezieller Filter in den Blutgefäßen des Gehirns, das verhindert, dass gefährliche Chemikalien in das feine Gewebe des Gehirns gelangen und DNS-Strukturen aufbrechen.

Nahfeldstrahlung ist in der Lage, diese Barriere zu überwinden, sodass giftige Chemikalien ungehindert in das Gehirn eindringen können.

Da die wichtigsten Drüsen des Körpers (Zirbeldrüse, Hypophyse und Hypothalamus) im Gehirn angesiedelt sind, können starke Störungen des hormonellen Botensystems von übermäßiger Handynutzung herrühren.

Auch die Strahlung, die von Headsets ausgeht, sollte nicht unterschätzt werden.

Inzwischen ist bekannt, dass Headsets nicht etwa schützen, sondern die Strahlung, die ins Gehirn eindringt, sogar noch um 300 % vermehren können.

Bluetooth-Technologie ist besonders gefährlich.

Das einzig sichere Headset ist ein sogenanntes „Airtube-Headset". (Premium-Luftkabel-Headset mit Mikrofon)

Zu Beginn hielten die Herstellerfirmen und die Regierung die Hochfrequenzwellen nicht für gesundheitsgefährdend.

Obwohl inzwischen erdrückende Beweise vorliegen, hält die Industrie an dieser Haltung fest.

Die Wissenschaft weiß heute, dass das Problem der Handys nicht vom Energieausstoß hervorgerufen wird, sondern vielmehr von der hochfrequenten Trägerwelle, die von der Antenne gesendet oder empfangen wird und Informationen überträgt.

Täglich begegne ich vorwiegend junge Menschen und Kinder mit ihren „Stöpseln" in den Ohren oder dem Handy vor dem Gesicht.

Sie nehmen ihre Umwelt nicht mehr wahr, ihre Wahrnehmung beschränkt sich nur noch auf das Handy.

Ich finde das besorgniserregend.

Wenn es einen Menschen gibt, der sich mit den schädlichen Auswirkungen von Handys und anderen drahtlosen Geräten auskennt, dann ist es Dr. George Carlo, der Autor von „Cell Phones: Invisible Hazards in the Wireless Age"

Als anerkannter Medizinprofessor wurde er von der Vereinigung der Telekommunikationsfirmen CTIA beauftragt, ein fünfjähriges Forschungsprogramm zu leiten, bei dem die möglichen schädlichen Auswirkungen von Mobiltelefonen untersucht werden sollten.

Die CTIA war fest davon überzeugt, dass keine Gesundheitsbeeinträchtigungen gefunden werden würden.

Dr. Carlo und sein Team entdeckten jedoch Gegenteiliges.

Nachdem er die Forschungsergebnisse präsentiert hatte, wurde er fristlos gekündigt und die Unterlagen landeten im Archiv.

Seitdem wurde er zu einem angesehenen und lautstarken Kritiker der Herstellerfirmen drahtloser Technologie und zu einem der weltweit führenden Experten auf dem Gebiet des Elektrosmogs.

Er sagt:

> *„Wir gehen davon aus, dass diese hochfrequenten Trägerwellen Reaktionen der Proteine im Bereich der Zellmembran auslösen, was zur Störung der interzellulären Kommunikation und zur Bildung von freien Radikalen innerhalb der Zelle führt.*
>
> *Die Entdeckung dieser Vorgänge ist sehr wichtig, denn nun haben wir die Erklärung für die breit gestreuten Symptome, die wir bei Patienten mit einer Überempfindlichkeit gegen Elektrosmog diagnostizieren, sowie auch für andere Leiden wie Kopfschmerzen und unerklärliche Angstzustände, die von nun an im Zusammenhang mit diesen Trägerwellen gesehen werden müssen."*

Da wir von Sendemasten und Handybenutzern umgeben sind, ist es vollkommen unmöglich geworden, dem ständigen und unerbittlichen Einfluss von hochfrequenten Trägerwellen und der damit verbundenen Schädigung der Abläufe in unserem Körper zu entkommen.

Laut Dr. Carlo gibt es drei Möglichkeiten, um einen Schutz vor Elektrosmog zu gewährleisten.

1. *Primäre Interventionstechnologien, dazu gehören vernünftige Headsets*

2. *Sekundäre Interventionstechnologien, hierzu gehören ausgeklügelte Energietechnologien, Dioden und einige Anhänger.*

3. *Tertiäre Interventionstechnologien, hierzu zählen eine gesunde Ernährung, hochwertige Fette und Öle und Nahrungsergänzungen in Lebensmittelqualität.*

Um einen möglichst hohen Schutz zu gewährleisten, müssen alle drei Möglichkeiten gleichzeitig angewendet werden, so Dr. Carlo.

Wir sollten uns darüber im Klaren sein, dass wir alle Teilnehmer eines gigantischen Experiments sind.

Elektrosmog ist eine sehr reale Bedrohung für gegenwärtige und zukünftige Generationen.

Effektive Gegenmaßnahmen sind kein Luxus, sondern schlichte Notwendigkeit.

Es liegt in der Verantwortung jedes Einzelnen, vorbeugende Maßnahmen zu ergreifen, um sich, ihre Familie und zukünftige Generationen zu schützen. (Zentrum der Gesundheit)

Was ist mit dem Wetter los?

Richten wir unser Augenmerk doch mal gezielt auf das Wetter.

Sie glauben wahrscheinlich, dass man das Wetter nicht manipulieren kann.

Sie denken das, obwohl sich das Wetter gegenüber früher oft mehrmals am Tag ändert?

Das sei die weltweite Erderwärmung aufgrund des Klimawechsels, meinen Sie?

Die richtige Antwort lautet:

Seit Jahren wird das Wetter manipuliert.

Der grafische Fingerabdruck der Chemtrails sind Konzentrationen von Metallen in Regenwasser.

(http://sauberer-himmel.de/2013/01/23/der-grafische-fingerabdruck-der-chemtrails-konzentrationen-der-metalle-in-regenwasser)

Der allergrößte Irrsinn kann nur darum als normal deklariert werden, weil die Leute in der Masse angstvoll und mutlos sind. So Vielen ist selbst aufgefallen, dass etwas mit unserem Wetter und dem daraus resultierenden Klima sich nicht wirklich natürlich ereignet.

Zu oft sind exakte Formationen in der Sonnenlaufbahn ausgeflogen, zu oft werden die gegenwärtigen Luftfeuchtigkeiten durch das Ausfliegen anhaltender Streifen zu einem White Sky (weißer Himmel) gesogen, um dann am Ort oder anderswo alles auf einmal auf die davon betroffenen Gebiete mit Auslösern niederzulassen, um dann wieder an anderer Stelle bei höheren staatlichen Besuchen den Himmel wolkenfrei zu haben, wie seit Jahren hier und anderswo zu beobachten.

Klarer Himmel sorgt neben vielem anderen für störungsfreiere Satellitenkommunikation ziviler und militärischer Art.

Das Ausfliegen der für solche Vorhaben genutzten Materialien ist infolge der Vergiftungen und Störungen des Lebens in jeglicher Lebensform in dieser Dimension das verwerflichste und größte Verbrechen am Leben.

Normale Kondensstreifen können sich erst ab Flughöhen über 7.500 m, mindestens 70 % Luftfeuchtigkeit und mehr als minus 40 Grad Celsius aus den Abgaspartikeln von z.B. Düsentriebwerken bilden.

Die Partikel wirken als Impfkerne für daran wachsende Eiskristalle.

Normale Kondensstreifen lösen sich in der Regel innerhalb von Sekunden bis wenigen Minuten auf, nicht so die durch Aerosolversprühungen entstandenen Streifen (Chemtrails)

Aerosolversprühungen enthalten neben dem Flugzeugtreibstoff (JP8 + 110 und weitere) bereits enthaltenen, gefährlichen sowie krebserregenden chemischen Zuschlagstoffen weitere Chemikalien, Metallstäube, Polymere etc. Chemtrails weisen je nach Zusammensetzung ein wesentlich dichteres, stärker reflektierendes Erscheinungsbild auf und könnten stundenlang am Himmel stehen bleiben, bilden teilweise oktopusarmartige Ausbuchtungen aus und bedecken durch Zusammenfließen den ganzen Himmel mit einer künstlichen weißen Schicht, den im IPCC-Report 2001 benannten white skys.

(zur Unterscheidung: You Tube-Video: „Chemtrails-neuartige Beweise" auf www.chemtrail.de)

Das Sonnenstrahlungsspektrum kann damit unter anderem auch zur UV-Strahlungsdämpfung (Solar Radiation Management) verändert werden.(Quelle: Elexier Mai-Juni 2015)

1946 ließ General Elektric erste Versuche zur Wetterbeeinflussung durchführen, wobei das sogenannte „Wolkenimpfen" zwecks Regenerzeugung mittels Silberstaub entdeckt wurde.

Die US-Airforce versuchte mit dieser Umwelt-Kriegsmethode z.B. große Überschwemmungen entlang der feindlichen vietnamesischen Nachschubwege

(Quelle:Elexier Mai-Juni 2015)

Unter anderem wegen dieser Wetterwaffenanwendungen sind bereits 1977 zwei der UN-ENMOD-Konvention zur Begrenzung von Umweltkriegen einige zur Ächtung benannt worden.

Zitat: **"Folgende Beispiele illustrieren die Möglichkeit, welche durch die Nutzung von Umweltmanipulationstechniken verursacht werden können: Erdbeben, Tsunamis, die Unterbrechung der ökologischen Balance einer Region, Änderung der Wettermuster (Wolken, Niederschlagsmenge, Zyklone und Tornados), Änderungen in Klimamustern, und in Meeresströmungen, Änderungen des Zustandes der Ozonschicht und der Ionosphäre".**

Werner Gustav Schulz, Mitglied des Europäischen Parlaments, 1990-2005 Mitglied des Deutschen Bundestages sagt, dass Geoengineering am Himmel bereits angewendet wird.

Im Videomitschnitt dieser Konferenz sagte Werner Schulz wörtlich: **"....dieses Experiment, das ja bereits gestartet worden ist - es ist ja nicht nur, dass wir über Forschung reden - sondern hier wird bereits ja angewendet, hier wird ja bereits ein Himmel in einer gewissen Weise bearbeitet."** *http:youtu.be/HIOMH97acIM*

Owning the Weather in 2025-A Research Paper. Indizien- und Belegskette zu CT/SRM/GE/CE U.S. AIR FORCE wird zugegeben, dass seit 1997 CHEM=Chemikals + SC=Smart Clouds (Nanotechnologie) CBD Carbon Black Dust ausgebracht werden.

Dort steht genau, was ausgebracht wird und an welchem Datum.

http://csat.au.af.mil/2025/volume3/vol3ch15.pdf

(Ersatzlink: http://www.chemtrail.de/wp-content/uploads/2012/11/Owning-the-Weather-in-2025.pdf)

Zudem kann davon ausgegangen werden, dass basierend auf einem NATO-Programm wieder und wiederkehrend Mixturen aus Aluminium, Barium, Strontium, Mangan, Polymere u.a. ausgeflogen werden.

Diese Maßnahme beruht u.a. auch auf dem von der US-Regierung 1991 gestellten Welsbach-Patent.

Geoengineering und Chemtrails sind zwei Begriffe für ein und dasselbe.

Während Chemtrails auf Wikipedia als Verschwörungstheorie abgestempelt wird, gestaltet sich der Wikipedia-Eintrag über Geoengineering wissenschaftlich.

Ein und dasselbe Thema mit völlig unterschiedlichen Einträgen.

Analysen von Schnee und Wasser zeigen weltweit abnorm hohe Konzentrationen von technisch erzeugtem Aluminium, Barium, Strontium, ebenso Titan und viele Stoffe mehr.

Die Kondensstreifen sind exorbitant zu breit und lösen sich nicht auf, wie es die wissenschaftliche Definition von wirklichen Kondensstreifen, im Natürlichen be-

trachtet,Auflösung in der Regel innerhalb einiger Sekunden bis zu wenigen Minuten.

Bill Gates investierte gemäß einem Online-Artikel in der Britischen Times, 2010 in Meerwasser-Wolkenmacherschiffe hier ein deutschsprachiger Artikel:

http://www.heise.de/newsticker/meldung/Bill-Gates-unterstuetzt-Wolkenmacher-997644.html.

Der ehemalige FBI-Chef von Los Angeles, Ted Gunderson, warnte via Youtube die Bevölkerung über die toxischen Materialien, die im Fallout (radioaktiver Niederschlag) vom Himmel kommen und alles Leben gefährden.

Der ehemalige NATO-General Fabio Mini und eine Konferenz des europäischen Parlaments (1999) bestätigten die fortdauernde Anwendung von chemischen und elektromagnetischen Waffensystemen.

Als Instrument des Geo-Engineering (Zusammenstellung von Methoden und Technologien die darauf abzielen, das Klimasystem bewusst zu ändern, um Folgen des Klimawandels abzumildern.) lässt sich die Ausbringung von klima- und wetter wirksamen Aerosolen, auch in Kombination mit Ionosphärenheizern, beispielsweise eines HAARP-Systems anwenden, wodurch auch Möglichkeiten weitergehender Gedankenkontrolle eröffnet werden können.

So kann die Erdatmosphäre mittels Ausbringung von wassersuchenden Metallsalz-Aerosolen in ein elektrisch leitendes gasförmiges Medium verwandelt wer-

den, um es sodann mit geeigneten Hochfrequenz-Radiowellensendern unter Einsatz von ELF-Wellen bioelektrisch den jeweiligen Absichten entsprechend aufzuladen. http://de.metapedia.org/wiki/Chemtrail#Wesen

Verschiedene Atemwegserkrankungen, Schleimhautreizungen, allergische Reaktionen, grippeähnliche Infekte, Wortfindungs- und Gedächtnisstörungen, Kopfschmerzen, Gleichgewichtsstörungen u.s.w. Sind international bekannt und berichteten u.v.a. Dr. Dahlke, Dr. Junge, Dr. Horowitz.

Chemtrails sind ein zu ächtendes Waffensystem.

Die chemische Ausbringung kann als chemische Kampfwaffe zur bewussten Schädigung oder Tötung, als militärische Radarmaßnahme, als meteorologische, wie auch im Verbund mit Radars/Haarpstationen, als geologische Beeinflussung (Dürren, Stürme, Beben, Fluten) u.s.w. eingesetzt werden.

Von Seiten der zuständigen Bundes-, Landes- und Kommunalverwaltungen werden keinerlei öffentlich einsehbare Messdaten wissenschaftlicher Niederschlagswasser- und Boden-Luft-Untersuchungsprogramme bereitgestellt, wonach ein befürchtetes Absprühen umweltschädlicher bzw. giftiger Stoffe, wie insbesondere aluminium-, barium-, und strontiumhaltige Mikro-und Nanopartikel von in hiesigem Luftraum verkehrenden Flugzeugen ausgeschlossen werden kann.

Ein unumstößlicher optischer Beweis von Materialausbringungen der (ins All) rückflektierenden Art, sind Schattenwürfe auf überliegende Wolkengebilde.

Der Schatten (Streifen) müsste sich, wenn überhaupt, nach irdischen Verhältnissen gegen Boden richten. Stattdessen wirft er seinen Schatten gut sichtbar nach oben.

Militärische Aktionen sind mehr als nur wahrscheinlich, wenn spürbar innerhalb kürzester Zeit die Luftfeuchtigkeiten derart rasant abnehmen, sich Wolken bilden und diese dann prall gefüllt quasi in einem Guss auf das darunterliegende Land niedergehen.

Die Folgen: Ein klarer blauer Himmel, denn der wird des öfteren gebraucht, wenn man militärisch kommunizieren will.

Gleichwohl lässt sich militärisch oder zivil auch das Gegenteil erzeugen, z.B. wenn etwas verdeckt oder gestört werden soll.

Partikelmessungen, Regenwasser und Luftanalysen zeigen weltweit alarmierende Werte von Strontium, Aluminium, Barium, Polymeren und anderen Materialien, deren Ursprung belegbar technisch ist und doch noch nicht offiziell eindeutig belegbar (da das behindert und verleugnet wird) zu den Machern der Vergiftungen führen.

Das Wetter ändert oftmals mehrmals täglich, zweistellige Temperatursprünge sind demnach keine Seltenheit mehr.

Vor nicht mal 20 Jahren tauchten Zirruswolken in natürlicher Art und selten auf.

Heute sehen wir beinahe täglich Zirruswolken, von Flügen verursacht.

(Zirruswolken sind reine Eiswolken in großer Höhe. Sie erscheinen als leuchtend weiße Fäden, oder schmale Bänder in einem seidigen Schimmer, deren Ränder meist durch den Höhenwind ausgefranst sind.)

Dass bei derartiger Vergiftung durch Materialausbringung in den Lufträumen nirgendwo Einhalt gefordert wird erstaunt genauso, wie das Stillhalten der an sich und ansonsten laut rufenden Natur- und Umweltverbänden wie Pro Natura, Schweizerischer Alpenclub, WWF oder Greenpeace.

Einzig die Franz-Weber Foundation hat sich dazu eingehend und kritisch in die Öffentlichkeit gewagt.

Eine Verschwörung ist im Gange, da verheimlichte und nicht deklarierte Vorgänge in unsere Lebensräume eingreifen und lebensfeindliche Wirkungen zeigen.

Anderslautende Aussagen und Meinungen werden viel zu leichtfertig als Verschwörungstheorien abgetan.

Dafür sorgen meinungsbildende PR-Agenturen, Blogger wie maßgebend die öffentliche Presse (eine Hand voll Menschen kontrolliert die Medien der Welt) gesteuert vom Apparat der tatsächlichen Verschwörung.

Es ist ein alarmierendes Ansteigen von medizinischen Notfällen, im Besonderen Multiorganversagen, Nierensteine im Winter (Unüblich), lebensbedrohlicher Vitamin D-Mangel und und und ....

Haben Sie sich schon einmal gefragt, warum Flugzeugingenieure Turbinen bauen, die in ihrer Giftigkeit als gefährlichst eingestufte Materialien als Additive im Treibstoff benötigen sollen?

Zum Beispiel Rolls Royce verkauft derartigen Antrieb als „umweltfreundlich" und nennt die Reihe „Merlin".

Schier unzählige Patente sind für Geo-Engineering und für militärische Anwendungen gemeldet.

Viele Universitäten bieten das Studienfach Geo-Engineering an, Beispiele sind die ETH Zürich, die Uni Potsdam u.s.w.

Fachleute für einen angeblich nicht existierenden Markt auszubilden, macht wenig Sinn, oder?

Mc Clellan et.al. (2010 S.19) berechneten, dass die Ausbringung von jährlich einer Million Tonnen Material in die Stratosphäre täglich zwischen 60 und 600 Flugzeugstarts notwendig machen würde. Folglich wären, ausgehend von einer benötigten Menge von 30 Mio. to Schwefelsäuregas/Jahr, täglich rund 1800 Starts großer Boing 747 Frachtflugzeuge notwendig, was machbar erscheint.

(Quelle: Deutscher Bundestag / Drucksache 18 /2121 / Seite 73)

Hochdruckeinflüsse, klar blauer Himmel, trockene Luft dauern in der Regel 4-5 Tage an, heute werden solche Tage innerhalb von 4 bis sogar 2 Stunden zu einem dicht -sonnenlichtabschirmenden Gewälk (nicht Gewölk) in dünneren und extremen Streifen ausgeflogen.

Trockenes Wetter ist ideal zur (Satelliten) Kommunikation, sei es zivil oder militärisch.

Wolken oder nasse Wetter sind hinderlich und werden darum mit dem Ausfliegen von saugfähigen und ebenso mit tropfen-bildenden Materialien, verdichtet und zeitlich gesteuert, gesammelt.

Die Nutznießenden in Verbund mit zivilen und militärischen Anlagen und Auftraggebern (Radar, Mobilfunk- und Rundfunksender, WiFi, WLAN etc.) profitieren in gigantischen Ausmaßen.

Seit Jahrzehnten finden Aerosolverbrechen statt, wird der Himmel milchig, weiß zum „white sky".

Gesundheitliche Folgen für praktisch alle Lebensformen sind infolge der Fallouts nicht wahrscheinlich, sondern absehbar und logisch.

Alzheimer, Demenz, Autismus, COPD, Lungen- und Nierenerkrankungen nehmen korrelierend erfasst mit dem Bevölkerungswachstum im abnormen Maße zu. (u.a. Autismus: in 25 Jahren mehr als ver-2000-facht)

Empfohlene Infos zu Geoengineering:

http://roadtoparis.info/top-list/geoengineering

Geheime Experimente und Anwendungen zum Unwohl der Menschen:

http://www.20min.ch/wissen/gesundheit/story/10252254

Hinter diesen Machenschaften stecken selbstherrliche und gierige Menschen in Hochfinanz, Wirtschaft, Militärs und Forschung.

Eduard Teller (der Erfinder der Wasserstoffbombe) erklärte bereits vor 20 Jahren öffentlich die Machbarkeit der heute sichtbaren Vorgänge.

Durch die Klima- und CO2-Lügen wird suggeriert, dass eventuell Aufgewachte, ihren Sinn in der Abkühlung der „drohenden Erderwärmung" finden sollen.

In Tat und Wahrheit und trotz ziviler Teilnahme und Mitwirkung, handelt es sich um einen global umspannenden Wetterkrieg militärischer Art.

Noch ein paar Worte zum Saharastaub, der zwar in den vergangenen Jahren auch schon in geringem Maße nach Deutschland gelangte, aber nicht in dieser Intensität und Dauer, wie in diesem Jahr. (2024)

Woran das liegt und welche Ursachen darauf zurückzuführen sind, kann ich nicht sagen und trotz intensiver Recherche habe ich keine Erklärung dafür gefunden.

Mutmaßungen möchte ich nicht anstellen.

Aber die Berliner Morgenpost schreibt folgendes darüber:

> *„Durch Wüstenstaub können vermehrt Atemwegserkrankungen auftreten und neue Studien belegen, dass sie Zellen schädigen können.*
>
> *Außerdem können Partikel das Risiko für entzündliche Lungenschäden und Allergien bei Kindern und Erwachsenen erhöhen.*
>
> *Weiterhin gibt es Studien zum Zusammenhang zwischen Wüstenstaubbelastung und Herz-Kreislauf-Erkrankungen.*
>
> *Wüstenstaub kann die Toxizität von Feinstaub in städtischer Umgebung noch erhöhen.*
>
> *In Südeuropa gibt es Hinweise auf eine erhöhte Sterblichkeit nach einer Saharastaub-Wolke.“*

Bitte ziehen Sie daraus Ihre eigenen Schlüsse.

Nach all diesen Ausführungen werden Sie sich fragen, was Sie tun können, um sich zu schützen.

Kann man überhaupt etwas tun in unserer vergifteten Welt?

Sollten wir einfach den Kopf in den Sand stecken, wie der Vogel Strauß und abwarten, wann es uns erwischt?

Ich will Ihnen damit keine Angst machen und Sie sollen sich auch nicht jeden Tag mit all dem Negativen und Schlechten dieser Welt beschäftigen, im Gegenteil.

Genießen Sie jeden Tag, denn er ist ein Geschenk, der uns immer wieder neu beschert wird.

Ich habe schon Einiges aufgeführt, um ihren Körper zu schützen und dabei zu helfen, das Immunsystem zu stärken.

Unser Körper ist zum Glück mit natürlichen Entgiftungsmechanismen ausgestattet.

Doch angesichts der zunehmenden Umweltbelastung wird unser Organismus überfordert, so dass wir einer schleichenden Vergiftung ausgesetzt sind.

Deshalb können sich diese schädlichen Stoffe in unserem Körper ansammeln und diverse Krankheiten verursachen.

Wie können wir uns und unsere Familie vor der wachsenden, massiv schädigenden Einwirkungen schützen?

Gibt es etwas, was unseren Körper auf natürliche und effektive Weise wieder von diesen Giftstoffen befreien kann?

Mutter Natur hat auch dafür etwas zur Verfügung gestellt.

Ein Vulkanmineral, das es seit Urzeiten gibt.

Es handelt sich hierbei um Zeolith, ein Naturmineral, das aus dem Vulkangestein gewonnen wird, fein gemahlene Mineralerde.

Es ist in seiner Anwendung bereits aus der Antike bekannt und wird im Umweltschutz zur Verbesserung der Wasserqualität verwendet.

Es wurde bereits in Tschernobyl zur Minderung der Radioaktivität eingesetzt.

Das Vulkanmineral besteht aus Kristallen, welche sich zu einer speziellen Gitterstruktur formieren.

Diese natürliche Zeolith-Struktur fungiert als Speicher wertvoller Mineralien und zugleich als eine Art Schwamm,, der Schadstoffe an sich bindet.

Nehmen wir Zeolith ein, entfaltet es seine Wirkungsweise durch das Prinzip des Ionenaustausches, das heißt, während die Kristallgitterstruktur vergleichsweise wie ein Magnet Giftstoffe, wie Quecksilber, Aluminium, Blei, Cadmium, Ammonium, Histamin an sich bindet, setzt es im Gegenzug wertvolle Mineralien in uns frei.

Wissenschaftliche Untersuchungen schließen mögliche Bedenken aus, dass zugleich wertvolle Vitamine oder Enzyme gebunden werden.

Das „kluge" Vulkangestein erkennt gewissermaßen, was für den Körper gut und was schlecht ist, denn organische Verbindungen, wie Vitamine, Enzyme und Mineralien bestehen aus großen Molekülen und können *nicht gebunden werden, Schadstoffe bestehen aus kleinen Molekülen und können deshalb gebunden werden.*

24 Stunden nach der Einnahme verlässt das Zeolith-Pulver durch den Toilettengang wieder unseren Körper.

Es wird von unserem Organismus erst gar nicht verstoffwechselt.

Das Vulkanmineral durchläuft den Darm, bindet den „Müll" und wird natürlich über den Stuhl ausgeschieden.

Der Nebeneffekt dabei ist, dass unsere Entgiftungsorgane, wie Leber und Niere massiv entlastet werden.

Menschen, die noch natürlich leben, nehmen regelmäßig Erde auf.

So gelten beispielsweise manche nordsibirische Völker und auch verschiedene Kaukasusvölker als die langlebigsten und gesündesten Völker der Erde.

Man stellte fest, dass all diese Völker eine bestimmte Gemeinsamkeit haben. Sie verzehren immer wieder Mineralerden.

Untersuchungen und Studien von russischen Wissenschaftlern zeigten herausragende Heilerfolge, dass man bei jedweder Krankheit auch Zeolith begleitend einsetzen sollte.

Es konnte eine Heilung oder Besserung von Dermatitis, Psoriasis und Akne festgestellt werden.

Eine schnellere Heilung bei Knochenbrüchen Verbesserung von Osteoporose schnellere Heilung bei Verbrennungen.

Besserung und Heilung bei „offenem Bein"

Besserung der Eisenwerte bei einer Anämie

Besserung bei Allergien und Heuschnupfen.

Selbst bei akuten Viruserkrankungen, wie der akuten Virushepatitis hilft die Mineralerde, den Heilungsprozess zu beschleunigen.

Auch bei Leberproblemen, wie Fettleberhepatitis, Leberzirrhose oder einer Hepatose hat die Mineralerde positive Auswirkungen.

Sie kann Migräne verhindern hilft bei Mundschleimhautentzündungen und sogt für eine bessere Abwehrkraft.

Auch viele andere chronische Krankheiten, ob mit oder ohne Beteiligung des Verdauungssystems - entwickeln sich infolge einer beschädigten Darmschleimhaut.

Autoimmunerkrankungen gehören genauso dazu wie Allergien, Migräne, Herzkrankheiten, Alzheimer, Parkinson, Rheuma und Vieles mehr.

Auch hier konnte festgestellt werden, dass bei regelmäßiger Einnahme der Mineralerde über einen Zeitraum von 12 Wochen eine Heilung und Regeneration der Darmschleimhaut erreicht werden kann.

(laut der Universitäten Graz und Wien 2015)

Die Mineralerde sorgt für reines Blut und wirkt zudem krebshemmend. (vorbeugend)

Sie aktiviert das Immunsystem und hemmt die Metastasenbildung.

Es war mir sehr wichtig, auf diese wunderbare Heilerde etwas genauer einzugehen um Ihnen zu zeigen, welch wunderbare natürliche Heilkraft dieses Pulver hat.

Ich selbst habe es vor einigen Jahren für mich entdeckt und mache regelmäßig alle 8 Wochen eine 4wöchige Kur.

Ich rühre mir morgens auf nüchternen Magen in ein Glas sauberes Wasser einen Teelöffel Naturzeolith und trinke es eine halbe Stunde vor dem Frühstück.

Ich fühle mich danach wie frisch geduscht, sehe alles klarer, heller. Kein Grummeln und keine Luft im Bauch und eine normale Verdauung.

Ich bin ein absoluter Fan von Natur-Zeolith.

Auch spülen Sie viele Schadstoffe aus ihrem Körper, wenn Sie viel sauberes Wasser trinken, eine einfache und wirkungsvolle Lösung.

Die heilende Kraft der Sonnenstrahlen

Sonnenstrahlen haben eine überaus positive Wirkung auf unsere Gesundheit.

Darum sollte ein Jeder täglich diese wunderbaren Strahlen in sich aufnehmen.

Sonnenstrahlen wecken unsere Lebensgeister, wir sind besser drauf, beschwingter und aktiver.

Schon in der Antike galt ein Sonnenbad als besonders wirksam, um das Immunsystem zu stärken und die Leistungsfähigkeit zu erhöhen.

Zu Beginn des 20. Jahrhunderts wurde Sonnenlicht dann auch zu Therapiezwecken bei Tuberkulose eingesetzt.

In den vergangenen Jahren wurde intensiv erforscht, wie eng Licht und Gesundheit zusammenhängen.

Sonnenlicht stärkt unser Immunsystem und hilft dabei, uns vor Infekten zu schützen.

Auch unser innerer Rhythmus wird im Zusammenspiel aus Licht und Dunkelheit gesteuert.

Die richtige Dosis an Tageslicht ist entscheidend für einen gesunden Biorhythmus und unser biologisches Gleichgewicht.

Eine wichtige Aufgabe erfüllt das Sonnenlicht mit der Produktion von Vitamin D in unserer Haut.

Das Hormon ist zuständig für die Stärkung unseres Immunsystems, aber auch für den Knochenstoffwechsel.

Kommt es auf Grund von mangelndem Sonnenlicht zu einem Vitamin-D-Mangel, kann das negative Auswirkungen auf unsere Gesundheit haben.

Bereits 15 Minuten in der Sonne reichen jedoch aus, um eine positive Wirkung zu erzielen.

Ein Großteil des Sonnenlichts setzt sich aus ultravioletter Strahlung (UV-Strahlung) zusammen, die für uns Menschen unsichtbar ist.

Die UVA-Strahlen dringen dabei tief in die Haut ein und verhelfen uns damit zu einer kurz anhaltenden Bräunung, während die UVB-Strahlen mitunter dafür verantwortlich sind, den Farbstoff Melanin bis zu einem gewissen Grad vermehrt zu produzieren. Die Haut verdickt sich und dient als Schutz.

Der Mensch benötigt die UVA und UVB-Strahlung außerdem zur Pflege der Psyche

Es wird ein regelrechter Cocktail aus den Glückshormonen Serotonin, Dopamin und Nordadrenalin ausgeschüttet - man fühlt sich einfach beschwingter und voller Energie.

Riskant leben jedoch Sonnenanbeter, die sich stundenlang in extrem langwelligen UVA-Strahlen aussetzen.

Je nach Hauttyp kann dass zu einem schmerzhaften Sonnenbrand führen.

Das beste Heilmittel kann nur wirken, wenn es in der richtigen Dosis angewendet wird, ein Zuviel schadet eher, als das es nützt.

So ist es auch beim Sonnenbaden. Auf die richtige Dosis kommt es an.

Hier noch einmal kurz zusammengefasst die Vorteile des Sonnenlichts für unsere Gesundheit:(gesund-bleiben-at)

Die Sonne reguliert den Tag-Nacht-Rhythmus

- ***Sonnenlicht senkt den Blutdruck.***

- ***Sonnenlicht erhöht den körpereigenen Sonnenschutz.***

- ***Unser Immunsystem wird gestärkt.***

- ***Bildung von Vitamin D.***

Wer sich lange in der Sonne aufhalten möchte oder bedingt durch den Arbeitsplatz aufhalten muss, greift früher oder später zu einer Sonnencreme, die unsere Haut vor zu viel ultravioletter Strahlung schützen soll, um „Hautkrebs" vorzubeugen.

Umso erstaunlicher ist es, dass manche Cremes selbst potenziell krebserregende Inhaltsstoffe enthalten.

Sonnencreme enthält sogenannte UV-Filter - das sind jene Stoffe, die vor den UV-Strahlen schützen sollen.

Es gibt chemische und mineralische UV-Filter.

Chemische UV-Filter absorbieren das UV-Licht, während mineralische UV-Filter die Strahlung in winzige Spiegel ableiten.

Die chemischen UV-Filter deuten darauf hin, dass sie schädliche Auswirkungen haben können.

- ***Octocrylen: potentiell krebserregenden Oxybenzon: Verdacht auf hormonelle Wirkung.***

- ***Enzacamen: Soll das Wachstum von Krebszellen beschleunigen können.***

- ***Octinoxat: potentiell krebserregend, Einfluss auf die Fruchtbarkeit und Gefährdung des Embryos bei Schwangeren vermutet.***

- ***Avobenzon: soll Wachstum von Krebszellen beschleunigen können.***

Die genannten Chemikalien werden trotz Bedenken nach wie vor in Sonnencremes verwendet mit der Begründung, dass die Konzentration, in denen sie eingesetzt werden, zu gering sind, um Schäden im Körper anzurichten.

Jedoch wurden bisher keine Langzeitstudien zu ihren Wirkungen durchgeführt.

So wurde z.B. die schädigende Wirkung auf Spermien bereits bei Konzentrationen nachgewiesen, die noch unter denen liegen, die nach dem Eincremen auftreten.

Für Aufsehen sorgte eine klinische Studie von 2019 die zeigte, dass die chemischen UV-Filter in Sonnencreme nicht nur auf der Haut bleiben, sondern mit erhöhten Werten im Blut nachweisbar sind - und das bereits nach 24 Stunden.

Auch andere Körperpflegemittel sind betroffen.

Chemische Filter werden übrigens auch in Parfüms, Hautcremes, Nagellacken, Shampoos, Duschgels, Haarfärbeprodukte, Lippenstiften, Make-up und vielen anderen kosmetischen Produkten eingesetzt.

Statt Stoffe bereits im Vorfeld auf ihre Unbedenklichkeit zu testen reagieren Behörden erst, wenn sich nach Jahren des Gebrauchs herausstellt, dass sie nun doch schädlich sind, wie am Beispiel von Titandioxid. (Stand Juni 2022)

Die Leidtragenden sind wir, die Verbraucher.

Die Schäden der UV-Filter auf die Umwelt sind viel besser dokumentiert, als die gesundheitlichen Auswirkungen auf den Menschen.

Weltweit sollen die Korallenriffe jährlich mit 14.000 Tonnen Sonnenschutzmitteln belastet werden, die durch den Menschen ins Wasser gelangen.

Studien haben gezeigt, dass die chemischen Stoffe zur sogenannten Korallenbleiche beitragen.

Unter anderem schaden diese Stoffe auch den Algen, Fischen, Muscheln und Delfinen.

Die chemischen UV-Filter reichern sich im Fett der Fische an und gelangen so wieder in die Nahrungskette der Menschen.

Es gibt gute Naturkosmetik, die auf solche Inhaltsstoffe verzichtet.

Sind nun mineralische UV-Filter besser?

Diese enthalten anstelle von chemischen Stoffen Titandioxid und/oder Zinkoxid auf der Haut fungieren diese beiden Stoffe wie Spiegel, die die schädlichen UV-Strahlen ableiten.

Wie bereits erwähnt, ist aber auch Titandioxid nicht in jedem Fall unbedenklich.

Nachdem Titandioxid jahrelang als Hilfsstoff in Lebensmitteln zugelassen war, ist er nun seit August 2022 in der EU verboten - der Stoff soll womöglich das Erbgut schädigen können.

In Kosmetik ist Titandioxid jedoch weiterhin zugelassen, denn über die Haut soll der Stoff angeblich nicht aufgenommen werden.

Die einzige Ausnahme von der Zulassung sind Sprays.

Darin ist Titandioxid ebenfalls verboten, da es auf diese Weise inhaliert werden könnte.

Um eine gute mineralische Sonnencreme zu finden, schauen Sie doch mal unter „Bio-Sonnencreme" nach.

Überlegen Sie jetzt, ob Sie besser keine Sonnencreme benutzen sollen?

Das kommt darauf an, welcher Hauttyp sie sind und wie lange Sie der Sonne ausgesetzt sind.

Pflanzenöle, wie z.B. Olivenöl, Kokosnussöl, Mandelöl sollen einen natürlichen Sonnenschutzfaktor haben.

Die entsprechenden Lichtschutzfaktoren gehen jedoch lediglich aus Zellstudien hervor.

Olivenöl	- LSF 7,5
Kokosnussöl	-LSF 7,1
Pfefferminzöl	- LSF 6,6
Lavendelöl	- LSF 5,6
Mandelöl	- LSF 4,6

(LSF = Lichtschutzfaktor)

Ätherische Öle wie Pfefferminzöl, Lavendelöl oder Eukalyptusöl müssen mit einem Basisöl verdünnt werden.(1ml ätherisches Öl auf 100 ml Basisöl)

Jedoch kann man durch sekundäre Pflanzenstoffe die Haut von innen auf das Sonnenbad vorbereiten, wie z.B. durch Carotinoide unter „Natürlicher Sonnenschutz"

Sie können auch natürliche Sonnencreme selbst herstellen. Eine Anleitung dazu finden Sie im Internet unter „Sonnencreme selber machen".

Wenn Ihnen die Kontrolle der Inhaltsstoffe beim Kauf von Sonnencremes zu aufwendig ist empfiehlt das „Zentrum für Gesundheit" folgende Marken: Die Marken Eco Cosmetics, Eubiona,l+M Naturkosmetik, Biosolis und Suntribe bieten empfehlenswerte Sonnencremes an.

In mineralischen Sonnencremes wird außerdem meist auf natürliche Zutaten gesetzt. (Zentrum der Gesundheit)

Wir werden langsam krank gemacht, jeden Tag ein Stückchen mehr. Wir werden verdummt, betrogen und belogen.

Solange unser Körper funktioniert, wir uns fit und gesund fühlen, ist die Welt in Ordnung.

Es sind ja immer die Anderen, die krank werden oder ein schlimmeres Schicksal erleiden.

„Mir kann so was nicht passieren".

Seien sie ehrlich, genau das haben sie auch schon gedacht, ein Schutzschild dass nur solange funktioniert, bis es beginnt, zu bröckeln.

Gehen Sie bewusster durch Ihr so wertvolles Leben, wertschätzen und lieben Sie sich selbst und ihre Mitmenschen.

Und vor allem tragen Sie dazu bei, ihren eigenen kleinen Lebensraum zu erhalten, zu pflegen und zu schützen.

Schlusswort

Jeder starke Baum war einmal eine kleine Pflanze und jede große Tat beginnt mit einem kleinen guten Gedanken.

Sei du selbst die Veränderung, die du dir für diese Welt wünschst.

„Unser Planet ist unser Zuhause, unser einziges Zuhause. Wo sollen wir denn hingehen, wenn wir ihn zerstören?" – Dalai Lama

Es sind die Taten eines Menschen, die zeigen, was die Worte eines Menschen wert sind.

Kontakt

Ich würde mich sehr freuen, weitere Informationen, Anregungen oder Hinweise zu den einzelnen Themen zu erhalten. E-Mail: e.ledwig@googlemail.com

Danksagung

Aus tiefstem Herzen danke ich meinen lieben Freunden Inas und Michael für die kostbare Zeit, die sie mir zur Verfügung stellen, wann immer ich sie brauche. Sie sind immer für mich da und stehen mir mit Rat und Tat zur Seite. Trotz der großen Entfernung sind wir tief im Herzen auf ganz besondere Weise miteinander verbunden.

Dir, lieber Michael, gilt mein ganz besonderer Dank.

Ohne Dich wäre es nicht möglich gewesen, mein Manuskript in Druckform zu bringen und mein Buch zu gestalten.

Du hast mir einen Herzenswunsch erfüllt.

Kaum eine Bedrohung der Meere ist heute so sichtbar wie die Belastung durch Plastikmüll. Mehr als zehn Millionen Tonnen gelangen jährlich in die Meere und kosten Abertausende von Meerestieren das Leben.

Gemeinsam haben wir die Chance zum Handeln!